XUE KE XUE MEI LI DA TAN SUO

# 学科学魅力大探索

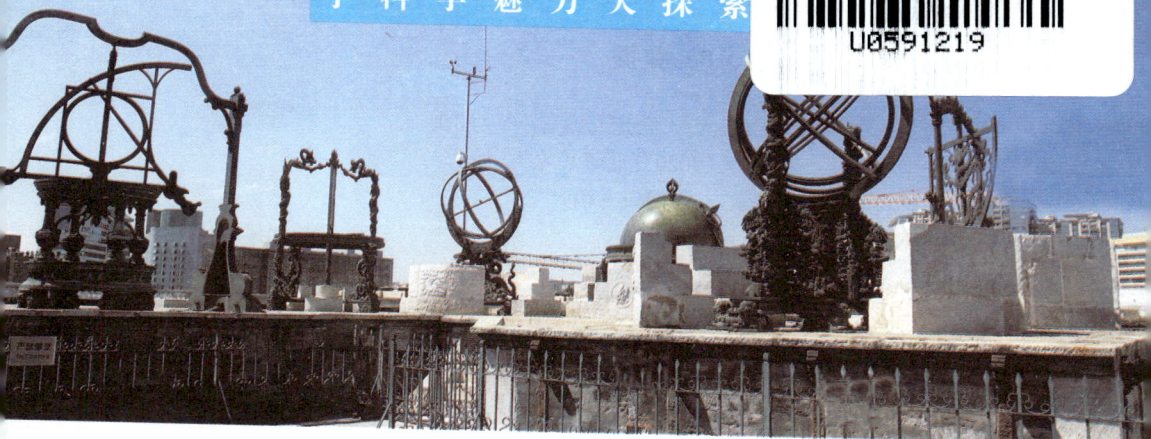

## 科技历史跟踪

台运真 编著  丛书主编 周丽霞

# 数学:跟着数学成长大

汕头大学出版社

# 图书在版编目（CIP）数据

数学：跟着数学成长大 / 台运真编著. -- 汕头：
汕头大学出版社，2015.3（2020.1重印）
（学科学魅力大探索 / 周丽霞主编）
ISBN 978-7-5658-1715-1

Ⅰ. ①数… Ⅱ. ①台… Ⅲ. ①数学—青少年读物
Ⅳ. ①O1-49

中国版本图书馆CIP数据核字(2015)第028175号

## 数学：跟着数学成长大　　SHUXUE：GENZHE SHUXUE CHENGZHANGDA

编　　著：台运真
丛书主编：周丽霞
责任编辑：宋倩倩
封面设计：大华文苑
责任技编：黄东生
出版发行：汕头大学出版社
　　　　　广东省汕头市大学路243号汕头大学校园内　邮政编码：515063
电　　话：0754-82904613
印　　刷：三河市燕春印务有限公司
开　　本：700mm×1000mm　1/16
印　　张：7
字　　数：50千字
版　　次：2015年3月第1版
印　　次：2020年1月第2次印刷
定　　价：29.80元
ISBN 978-7-5658-1715-1

# 前　言

　　科学是人类进步的第一推动力，而科学知识的学习则是实现这一推动的必由之路。在新的时代，社会的进步、科技的发展、人们生活水平的不断提高，为我们青少年的科学素质培养提供了新的契机。抓住这个契机，大力推广科学知识，传播科学精神，提高青少年的科学水平，是我们全社会的重要课题。

　　科学教育与学习，能够让广大青少年树立这样一个牢固的信念：科学总是在寻求、发现和了解世界的新现象，研究和掌握新规律，它是创造性的，它又是在不懈地追求真理，需要我们不断地努力探索。在未知的及已知的领域重新发现，才能创造崭新的天地，才能不断推进人类文明向前发展，才能从必然王国走向自由王国。

　　但是，我们生存世界的奥秘，几乎是无穷无尽，从太空到地球，从宇宙到海洋，真是无奇不有，怪事迭起，奥妙无穷，神秘莫测，许许多多的难解之谜简直不可思议，使我们对自己的生命现象和生存环境捉摸不透。破解这些谜团，有助于我们人类社会向更高层次不断迈进。

其实，宇宙世界的丰富多彩与无限魅力就在于那许许多多的难解之谜，使我们不得不密切关注和发出疑问。我们总是不断去认识它、探索它。虽然今天科学技术的发展日新月异，达到了很高程度，但对于那些奥秘还是难以圆满解答。尽管经过许许多多科学先驱不断奋斗，一个个奥秘不断解开，并推进了科学技术大发展，但随之又发现了许多新的奥秘，又不得不向新的问题发起挑战。

宇宙世界是无限的，科学探索也是无限的，我们只有不断拓展更加广阔的生存空间，破解更多奥秘现象，才能使之造福于我们人类，人类社会才能不断获得发展。

为了普及科学知识，激励广大青少年认识和探索宇宙世界的无穷奥妙，根据最新研究成果，特别编辑了这套《学科学魅力大探索》，主要包括真相研究、破译密码、科学成果、科技历史、地理发现等内容，具有很强系统性、科学性、可读性和新奇性。

本套作品知识全面、内容精炼、图文并茂，形象生动，能够培养我们的科学兴趣和爱好，达到普及科学知识的目的，具有很强的可读性、启发性和知识性，是我们广大青少年读者了解科技、增长知识、开阔视野、提高素质、激发探索和启迪智慧的良好科普读物。

# 目 录

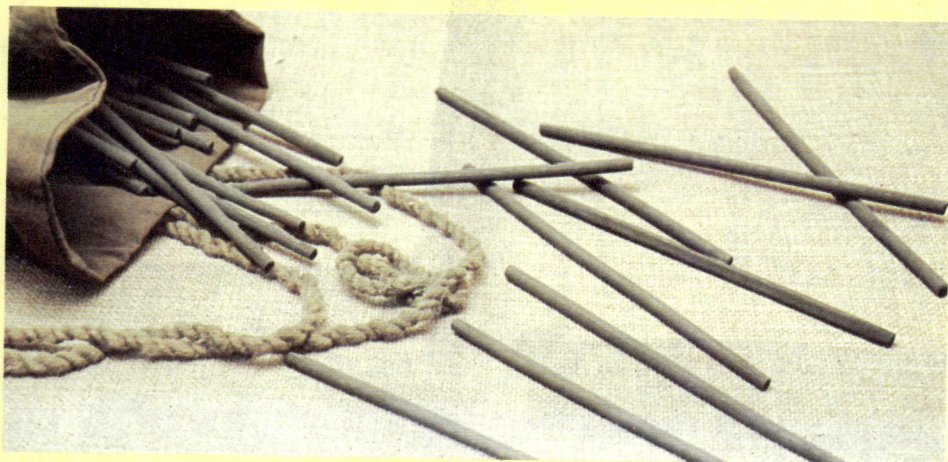

# 数学的萌芽与奠基

　　我国古代数学发轫于原始公社末期，当时私有制和货物交换产生以后，数与形的概念有了进一步的发展，已开始用文字符号取代结绳记事了。

　　春秋战国时期，筹算记数法已使用十进位值制，人们已谙熟九九乘法表、整数四则运算，并使用了分数。西汉时期《九章算术》的出现，为我国古代数学体系的形成起到了奠基作用。

　　春秋时期，有一个宋国人，在路上行走时捡到了一个别人遗失的契据，拿回家收藏了起来。他秘密地数了数那契据上的齿，然后告诉邻居说：

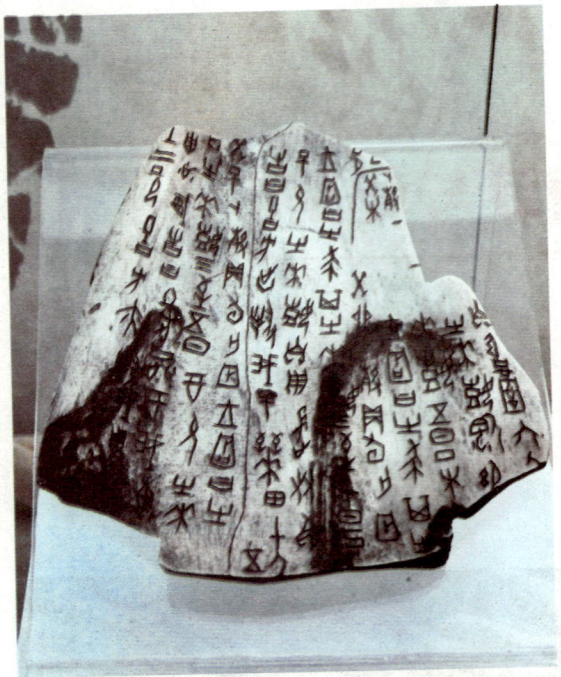

"我发财的日子就要来到了！"

契据上的齿就是木刻上的缺口或刻痕，表示契据所代表的实物的价值。当人类没有发明文字，或文字使用尚不普遍时，常用在木片、竹片或骨片上刻痕的方法来记录数字、事件或传递信息，统称为"刻木记事"。

我国少数民族曾经使用木刻记事的，有独龙族、傈僳族、佤族、景颇族、哈尼族、拉祜族、苗族、瑶族、鄂伦春族、鄂温克族、珞巴族等。如佤族用木刻计算日子和账目；苗族用木刻记录歌词；景颇族用木刻记录下村寨之间的纠纷；哈尼族用木刻作为借贷、离婚、典当土地的契约；独龙族用递送木刻传达通知等。凡是通知性木刻，其上还常附上鸡毛、火炭、辣子等表意物件，用以强调事情的紧迫性。

其实，早在《列子·说符》记载的故事之前，我们的先民在从野蛮走向文明的漫长历程中有了数与形的概念。

出土的新石器时期的陶器大多为圆形或其他规则形状，陶器上有各种几何图案，通常还有3个着地点，这都是几何知识的萌芽。说明人们从辨别事物的多寡中逐渐认识了数，并创造了记数的符号。

殷商甲骨文中已有13个记数单字，最大的数是"三万"，最小的是"一"。一、十、百、千、万，各有专名。其中已经蕴含有十进位值制萌芽。

传说大禹治水时，便左手拿着准绳，右手拿着规矩丈量大地。因此，我们可以说，"规"、"矩"、"准"、"绳"是我们祖先最早使用的数学工具。

人们丈量土地面积，测算山高谷深，计算产量多少，粟米交换，制订历法，都需要数学知识。在约成书于公元前1世纪的《周髀算经》中，记载了西周商高和周公答问之间涉及的勾股定理内容。

有一次，周公问商高："古时做天文测量和订立历法，天没有台阶可以攀登上去，地又不能用尺寸去测量，请问数是怎样得来的？"商高回答说："数是根据圆和方的道理得来的，圆从方

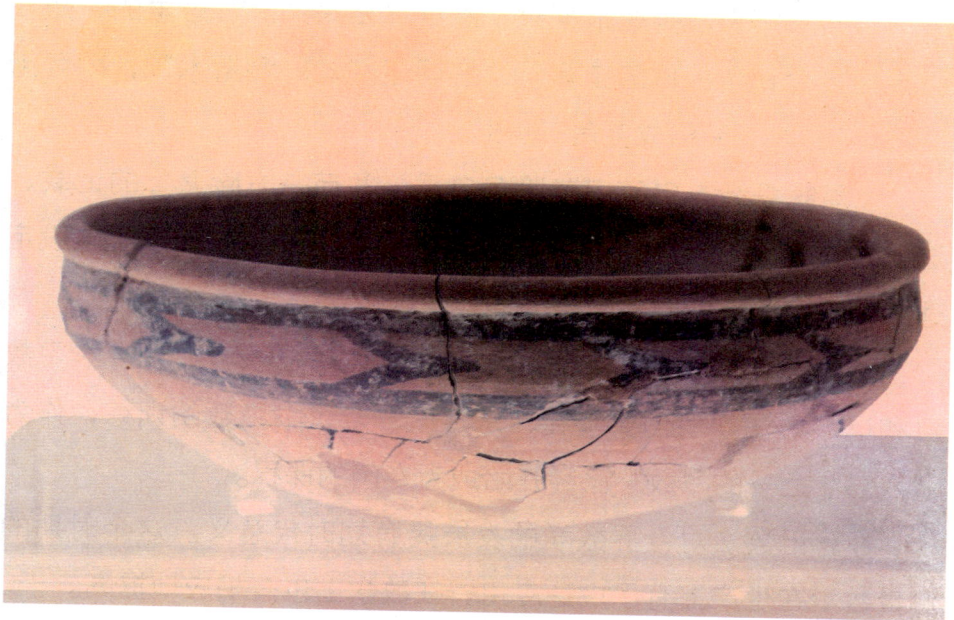

　　来，方又从矩来。矩是根据乘、除计算出来的。"这里的"矩"原是指包含直角的作图工具。这说明了"勾股测量术"，即可用3：4：5的办法来构成直角三角形。

　　《周髀算经》中有"勾股各自乘，并而开方除之"的记载，这已经是勾股定理的一般形式了，说明当时已普遍使用了勾股定理。勾股定理是我国数学家的独立发明。

　　《礼记·内则》提到过，西周贵族子弟从9岁开始便要学习数目和记数方法，他们要受礼、乐、射、驭、书、数的训练，作为"六艺"之一的"数"已经开始成为专门的课程。

　　筹算记数法对世界数学的发展具有划时代意义。这个时期的测量数学在生产上有了广泛应用，在数学上也有相应地提高。

战国时期，随着铁器的出现，生产力的提高，我国开始了由奴隶制向封建制的过渡，新的生产关系促进了科学技术的发展与进步，此时私学开始出现。

秦汉时期，社会生产力得到恢复和发展，给数学和科学技术的发展带来新的活力，人们提出了若干算术难题，并创造了解勾股形、重差等新的数学方法。

同时，人们注重先秦文化典籍的收集、整理。作为数学新发展及先秦典籍的抢救工作的结晶，便是《九章算术》的成书，据东汉初郑众记载，当时的数学知识分成了方田、粟米、差分、少广、商功、均输、方程、赢不足、旁要九个部分，称为"九数"。九数确立了《九章算术》的基本框架。

《九章算术》集先秦至西汉数学知识之大成，是我国古代最重要的数学经典，对两汉时期以及后来数学的发展产生了很大的影响。它是西汉丞相张苍、天文学家耿寿昌收集秦火遗残，加以整理删补而成的。

《汉书·艺文志》所载《许商算术》、《杜忠算术》就是研究《九章算术》的作品。东汉时期马续、张衡、

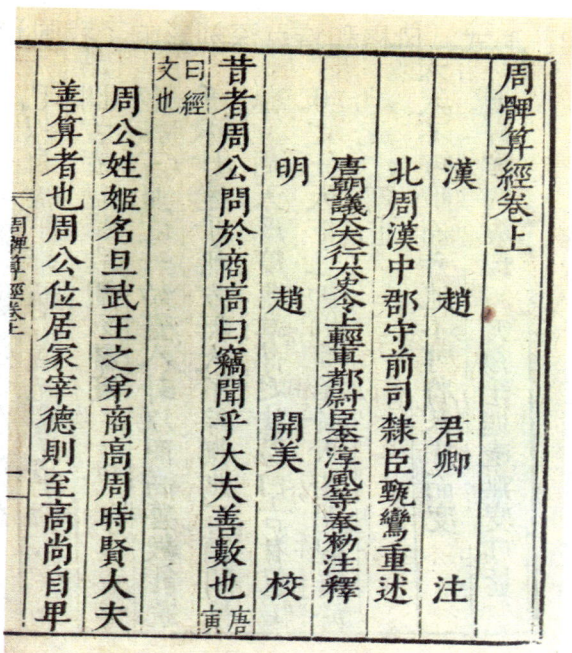

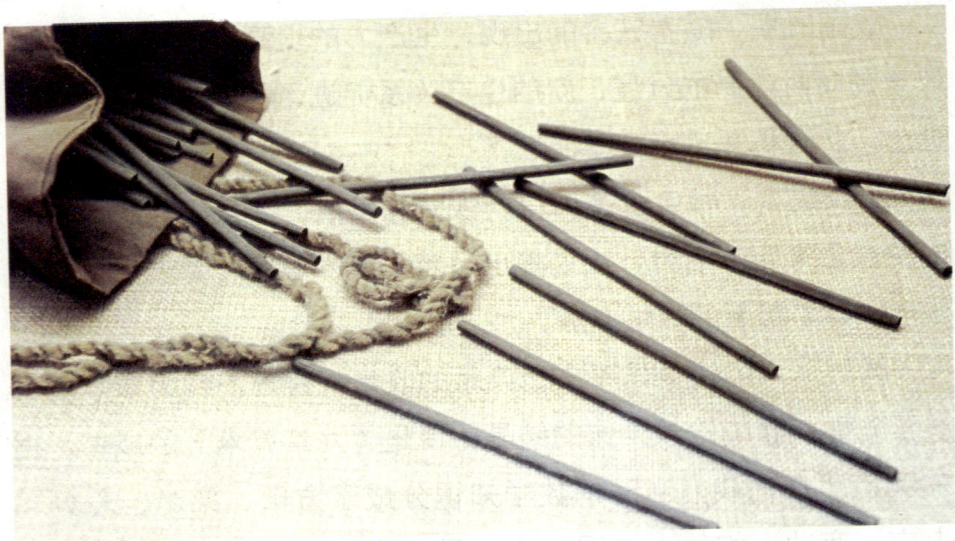

　　刘洪、郑玄、徐岳、王粲等通晓《九章算术》，也为之作注。这些著作的问世，推动了稍后的数学理论体系的建立。

　　《九章算术》的出现，奠定了我国古代数学的基础，它的框架、形式、风格和特点深刻影响了我国和东方的数学。

延　伸　阅　读

　　周成王时，制订出一套以维护宗法等级制度为中心的行为规范以及相应的典章制度。周公"制礼作乐"的内容包括礼、乐、射、御、书、数。其中的"数"，包括方田、粟米、差分、少广、商功、均输、方程、赢不足、旁要9个部分，称为"九数"，是当时学校的数学教材。

# 数学理论体系的建立

《九章算术》问世之后，我国的数学著述基本上采取两种方式：一是为《九章算术》作注；二是以《九章算术》为楷模编纂新的著作。其中刘徽的《九章算术注》被认为是我国古代数学理论体系的开端。

祖冲之的数学研究工作在南北朝时期最具代表性，他在刘徽《九章算术注》的基础上，将传统数学大大向前推进了一步，成为重视数学思维和数学推理的典范，我国古典数学理论体系至此建立。

一位农妇在河边洗碗。她的邻居闲来无事，就走过来问："你洗这么多碗，家里来了多少客人？"农妇笑了笑，答

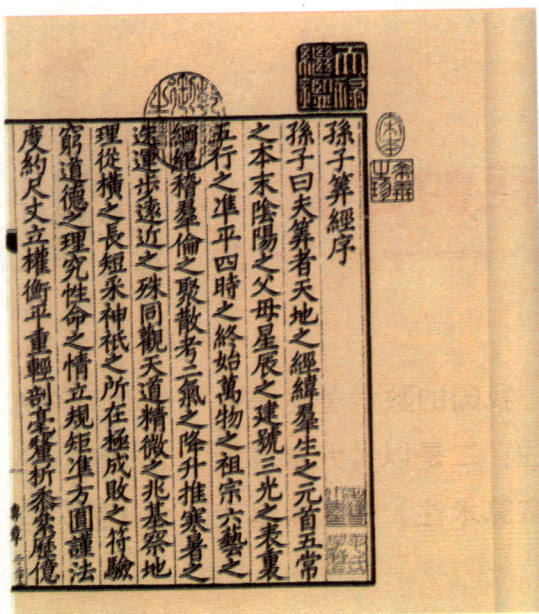

道："客人每两位合用一只饭碗，每3位合用一只汤碗，每4位合用一只菜碗，共用65只碗。"然后她又接着问邻居，"你算算看，我家里究竟来了多少位客人？"这位邻居也很聪明，很快就算了出来。

这是《孙子算经》中一道著名的数学题"河上荡杯"，荡杯在这里是洗碗的意思。很明显，这里要处理的是65个碗共有多少人的问题。其中能了解客数的信息是2人共碗饭，3人共汤碗，4人共菜碗，通过这几个数值，很自然就能解决客数问题。

《孙子算经》有3卷，常被误认为春秋军事家孙武所著，实际上是魏晋南北朝时期前后的作品，作者不详。这是一部数学入门读物，通过许多有趣的题目，给出了筹算记数制度及乘除法则等预备知识。

"河上荡杯"包含了当时人们在数学领域取得的成果，而"鸡兔同笼"这个题目，同样展示了当时的研究成果。

有若干只鸡兔同在一个笼子里，从上面数，有35个头；从下面数，有94只脚。求笼中各有几只鸡和兔？这道题其实有多种解法。

其中一种解法：如果先假设它们全是鸡，于是根据鸡兔的总数就可以算出在假设下共有几只脚，把这样得到的脚数与题中给出的脚数相比较，看看差多少，每差2只脚就说明有1只兔，将所差的脚数除以2，就可以算出共有多少只兔。同理，也可以假设全是兔子。

《孙子算经》还有许多有趣的问题，比如"物不知数"等，在民间广为流传，向人们普及了数学知识。

其实，魏晋时期特殊的历史背景，不仅激发了人们研究数学的兴趣，普及了数学知识，也丰富了当时的理论构建，使我国古代数学在理论上有了较大的发展。在当时，思想界开始兴起"清谈"之风，出现了战国时期"百家争鸣"以来所未有过的生动局面。与此相适应，数学家重视理论研究，力图把从先秦到两汉积累起来的数学知识建立在必然的可靠的基础之上。而刘徽和他的《九章算术注》，则是这个时代造就的最伟大的数学家和最杰出

的数学著作。

刘徽生活在"清谈"之风兴起而尚未流入"清谈"的魏晋之交，受思想界"析理"的影响，对《九章算术》中的各种算法进行总结分析，认为数学像一株枝条虽分而同本干的大树，发自一端，形成了一个完整的理论体系。

刘徽的《九章算术注》作于263年，原10卷。前9卷全面论证了《九章算术》的公式、解法，发展了出入相补原理、截面积原理、齐同原理和率的概念，首创了求圆周率的正确方法，指出并纠正了《九章算术》的某些不精确的或错误的公式，探索出解决球体积的正确途径，创造了解线性方程组的互乘相消法与方程新术、用十进分数逼近无理根的近似值等，使用了大量类比、归纳推理及演绎推理，并且以后者为主。第10卷原名"重差"，为刘

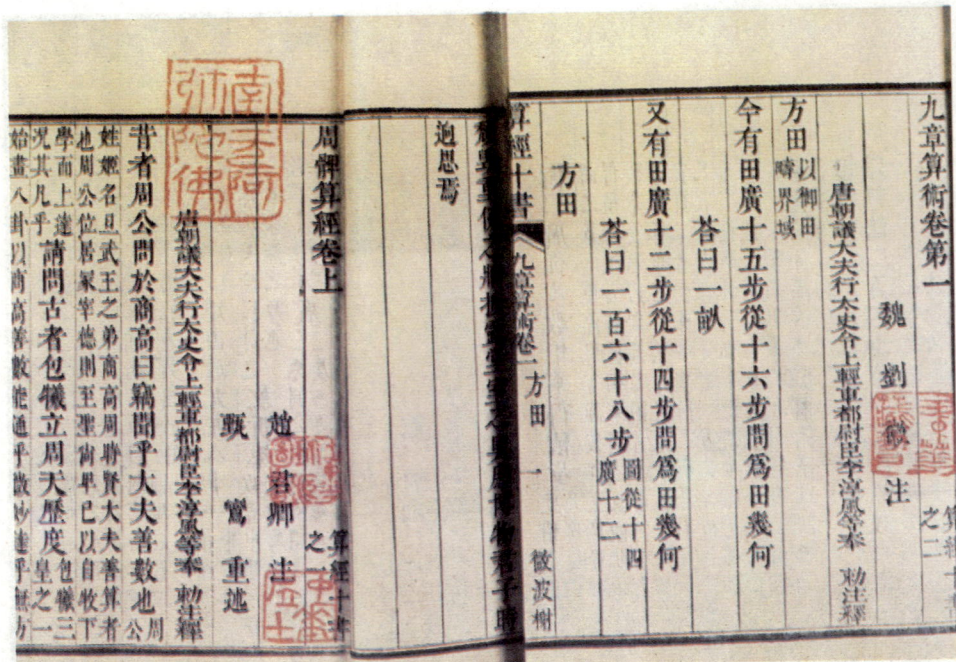

徽自撰自注，发展完善了重差理论。此卷后来单行，因第一问为测望海岛的高远，名称《海岛算经》。

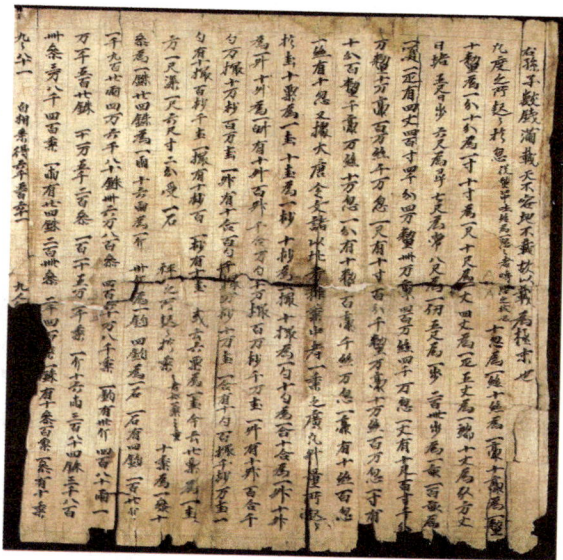

我国古典数学理论体系的建立，除了刘徽及其《九章算术注》不世之功和《孙子算经》的贡献外，魏晋南北朝时期的《张丘建算经》、《缀术》也丰富了这一时期的理论创建。

南北朝时期数学家张丘建著的《张丘建算经》3卷，成书于北魏时期。此书补充了等差级数的若干公式，其百鸡问题导致三元不定方程组，其重要之处在于开创"一问多答"的先例，这是过去我国古算书中所没有的。

公鸡每只值5文钱，母鸡每只值3文钱，而3只小鸡值1文钱。用100文钱买100只鸡，问：这100只鸡中，公鸡、母鸡和小鸡各有多少只？

这个问题流传很广，解法很多，但从现代数学观点来看，实际上是一个求不定方程整数解的问题。

百鸡问题还有多种表达形式，如"百僧吃百馒"和"百钱买百禽"等。宋代数学家杨辉算书内有类似问题，此外，中古时近东各国也有相仿问题流传，而且与《张丘建算经》的题目几乎全同，可见其对后世的影响。

　　与上述几位古典数学理论构建者相比，祖冲之则重视数学思维和数学推理，他将传统数学大大向前推进了一步。

　　祖冲之写的《缀术》一书，被收入著名的《算经十书》中，作为唐代国子监算学课本。他将圆周率的真值精确到3.1415926，是当时世界上最先进的成就。他还和儿子祖暅一起，利用"牟合方盖"圆满地解决了球体积的计算问题，得到正确的球体积公式。

　　祖冲之还在462年编订《大明历》，使用岁差，改革闰制。他反对谶纬迷信，不虚推古人，用数学方法比较准确地推算出相关的数值，坚持了实事求是的科学精神。

## 延 伸 阅 读

　　祖冲之的儿子祖暅从小爱好数学，巧思入神，并有所建树。祖暅发现了著名的等幂等积定理，又名"祖暅原理"，是指所有等高处横截面积相等的两个同高立体，其体积也必然相等的定理，在当时的世界上处于领先地位。

# 古典数学发展的高峰

　　唐代是我国封建社会经济政治文化的鼎盛时期。唐代朝廷在国子监设算学馆，置算学博士、助教指导学生学习，为宋元时期数学发展高潮拉开了序幕。

　　南宋时期翻刻的此前数学著作，是目前世界上传世最早的印刷本数学著作。贾宪、李冶、杨辉、朱世杰等人的著作传播普及了数学知识，其意义尤为深远。

　　唐代有个天文学家叫李淳风，有一次，他在校对新岁历书时，发现朔日将出现日蚀，这是不吉祥的预兆。

　　唐太宗听说这个消息很不高兴，说："日蚀如

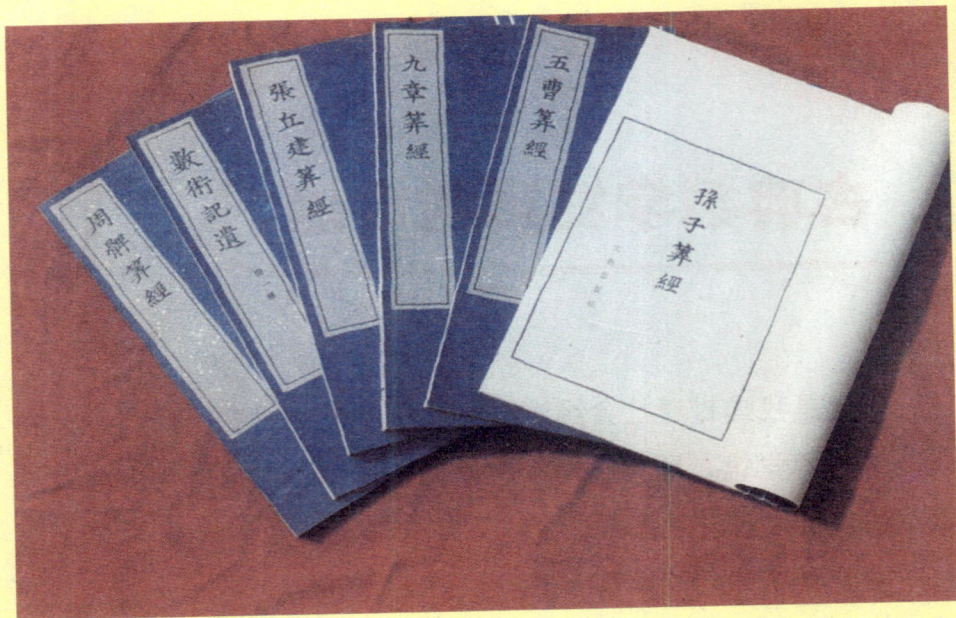

不出现，那时看你如何处置自己？"

李淳风说："如果没有日蚀，我甘愿受死。"

到了朔日，也就是初一那天，皇帝便来到庭院等候看结果，并对李淳风说："我暂且放你回家一趟，好与老婆孩子告别。"

李淳风说："现在还不到时候。"说着便在墙上写了一条标记：等到日光照到这里时，日蚀就会出现。

日蚀果然出现了，跟李淳风说的时间丝毫不差。

李淳风不仅对天文颇有研究，他还是个大名鼎鼎的数学家。656年，李淳风等奉敕为《周髀算经》、《九章算术》、《海岛算经》、《孙子算经》、《夏侯阳算经》、《缀术》、《张丘建算经》、《五曹算经》、《五经算术》、《缉古算经》这10部算经作注，作为国子监算学馆教材。

这就是著名的《算经十书》，该书是我国古代数学奠基时期的总结。

唐代中后期，生产关系和社会各方面逐渐产生新的实质性变革。至宋太祖赵匡胤建立宋王朝后，我国封建社会进入了另一个新的阶段，农业、手工业、商业和科学技术得到更大发展。

宋秘书省于1084年首次刊刻了《九章算术》等10部算经，是世界上首次出现的印刷本数学著作。后来南宋数学家鲍澣之翻刻了这些刻本，有《九章算术》半部、《周髀算经》、《孙子算经》、《五曹算经》、《张丘建算经》5种及《数术记遗》等孤本流传至今。

宋元时期数学家贾宪、沈括、秦九韶、杨辉、李冶、朱世杰的著作，大都在成书后不久即刊刻，并借助当时发达的印刷术得以广泛流传。

贾宪是北宋时期数学家，撰有《黄帝九章算术算经细草》，是当时最重要的数学著作。此书因被杨辉《详解九章算术算法》抄录而大部分保存了下来。

贾宪将《九章算术》未离开题设具体对象甚至数值的术文大都

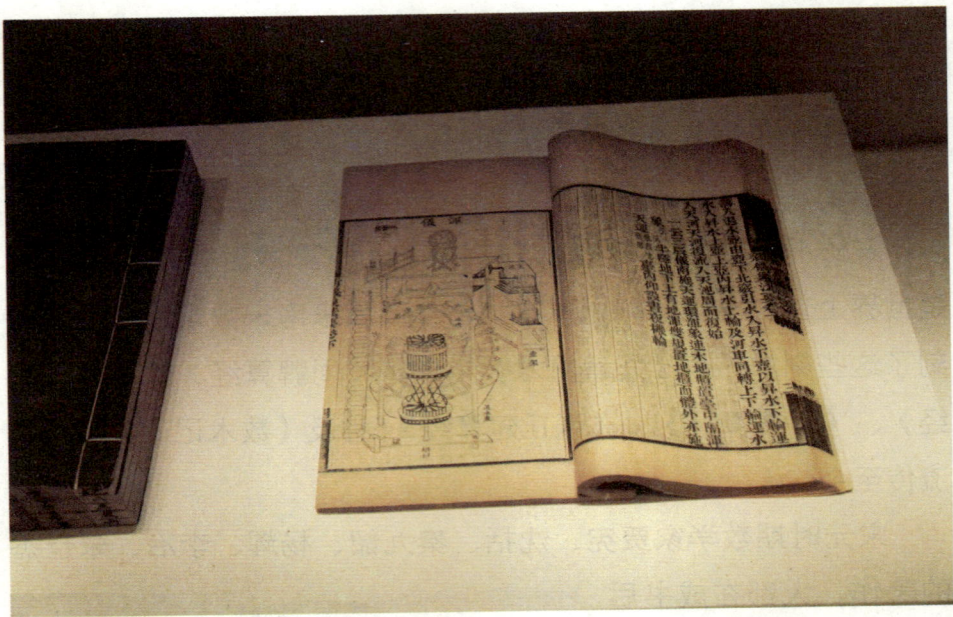

抽象成一般性术文，提高了《九章算术》的理论水平。

贾宪的思想与方法对宋元数学影响极大，是宋元数学的主要推动者之一。

北宋时期大科学家沈括对数学有独到的见解。在《梦溪笔谈》中首创隙积术，开高阶等差级数求和问题之先河，又提出会圆术，首次提出求弓形弧长的近似公式。

宋元之际半个世纪左右，是我国数学高潮的集中体现，也是我国历史上留下重要数学著作最多的时期，并形成了南宋朝廷统治下的长江中下游与金元朝廷统治下的太行山两侧两个数学中心。南方中心以秦九韶、杨辉为代表，以高次方程数值解法、同余式解法及改进乘除捷算法的研究为主。

秦九韶撰成《数书九章算术》18卷。分大衍、天时、田域、测望、赋役、钱谷、营建、军旅、市易九类81题，其成就之大，题设之复杂，都超过以往算经。有的问题有88个条件，有的答案多达180条，军事问题之多也是空前的，反映了他对抗元战争的关注。

杨辉共撰5部数学著作，分别是《详解九章算术算法》、《日用算法》、《乘除通变本末》、《田亩比类乘除捷法》和《续古摘奇算法》。传世的有4部，居元代以前数学家之冠。

宋元之际的北方中心以李冶为代表，以列高次方程的天元术及其解法为主。李冶的《测圆海镜》12卷、《益古演段》3卷，是流传至今的最早的以天元术为主要方法的著作。

元统一全国后，元代数学家、教育家朱世杰，集南北两个数学中心之大成，达到了我国筹算的最高水平。

朱世杰有两部重要著作《算学启蒙》和《四元玉鉴》传世。他曾经以数学名家周游全国20余年，向他学习数学的人很多。

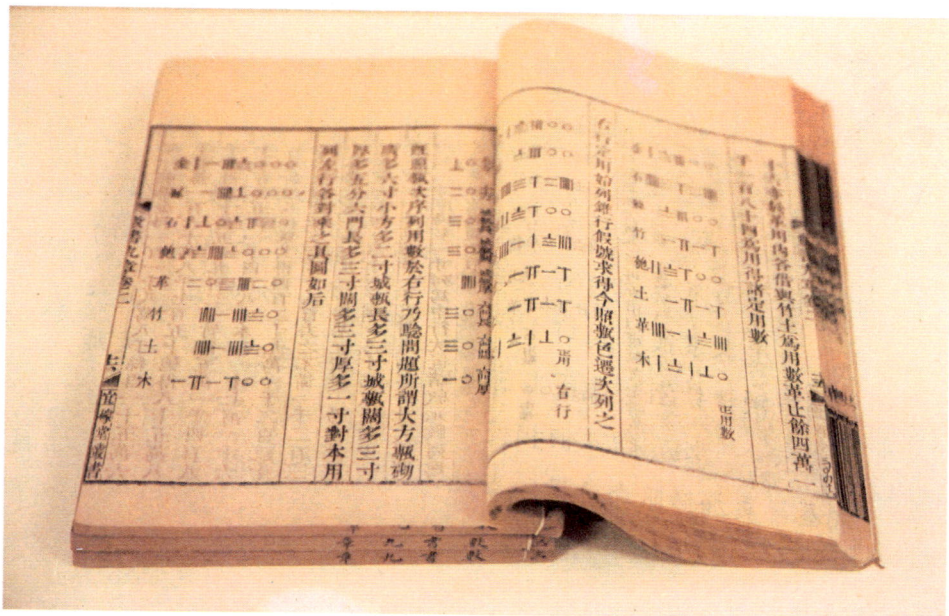

此外，杨辉、朱世杰等人对筹算乘除捷算法的改进、总结，导致了珠算盘与珠算术的产生，完成了我国计算工具和计算技术的改革。

元中后期，又出现了《丁巨算法》、贾亨《算法全能集》、何平子《详明算法》等改进乘除捷算法的著作。

## 延伸阅读

李淳风有一次对皇帝说："7个北斗星要变成人，明天将去西市喝酒。可以派人守候在那里，把他们请回来。"唐太宗便派人前去守候。果然见有7个婆罗门僧人在西市酒楼饮酒。使臣上前宣读了皇帝旨意，请几位大师到皇宫去一趟。僧人们相视一笑，随即踪影全无。唐太宗闻奏，更加佩服李淳风。当然，这只是个传说。

# 中西方数学的融合

　　明末清初，西方初等数学开始陆续传入我国，使我国的数学研究出现一个中西融会贯通的局面。鸦片战争以后，西方近代数学开始传入我国，我国数学转入一个以学习西方数学为主的时期。

　　在西学东渐的过程中，徐光启的《几何原本》、梅文鼎的《梅氏丛书辑要》以及李善兰等人关于西方数学的翻译和著述，促进了中西方数学的融合。

　　1604年，徐光启考中进士后，担任翰林院庶吉士，就在北京住了下来。在此之前，意大利传教士利玛窦到我国，在宣武门外置了一处住宅长期留居，进行传教活动。

　　徐光启在公余之暇，常常去拜访利玛窦，彼此慢慢熟悉了，开始建立起深厚的友谊。利玛窦用古希腊数学家欧几里得的著作《欧几里得原本》做教材，在家对徐光启讲授西方的数学理论。

　　经过一段时间的学习，徐光启完全弄懂了欧几里得这部著作的内容，深深地为它的基本理论和逻辑推理所折服，认为这些正是我国古代数学的不足之处。于是，徐光启建议利玛窦同他合作，一起把它译成中文。

　　1607年的春天，徐光启和利玛窦译出了这部著作的前6卷。付

印之前，徐光启又独自一人将译稿加工、润色了3遍，尽可能把译文改得准确。

这部著作的拉丁文原名叫《欧几里得原本》，如果直译成中文，不大像是一部数学著作。如果按照它的内容，译成《形学原本》，又显得太陈旧了。利玛窦认为，中文里的"形学"，英文叫做"Geo"，它的原意是希腊的土地测量的意思，他建议最好能在中文的词汇里找个同它发音相似、意思也相近的词。徐光启查考了10多个词组，都不理想。后来他想起了"几何"一词，觉得它与"Geo"音近意切，建议把书名译成《几何原本》，利玛窦感到很满意。

1607年，《几何原本》前6卷正式出版，马上引起巨大的反响，成了明代末期从事数学工作的人的一部必读书，对发展我国的近代数学起了很大的作用。

《几何原本》是我国第一部数学翻译著作,其中的许多数学名词如"几何"等为首创,徐光启认为对它"不必疑"、"不必改","举世无一人不当学"。

徐光启在翻译了《几何原本》之后,又介绍了西方三角学的著作《大测》和《测量全义》等。

1646年,波兰传教士穆尼阁来华,跟随他学习西方科学的有数学家方中通等人。穆尼阁去世后,方中通等人据其所学,编成《历学会通》,想把中法西法融会贯通起来。

《历学会通》中的数学内容主要有《比例对数表》、《比例四线新表》和《三角算法》。

前两书是介绍英国数学家纳皮尔和布里格斯发明增修的对数。后一书除《崇祯历书》介绍过的球面三角外,尚有半角公

《几何原本》刻本
The block-printed edition of
Euclid's *Elements*

式、半弧公式、德氏比例式、纳氏比例式等。

方中通个人所著的《数度衍》对对数理论进行解释。对数的传入对数学的发展十分重要，它在历法计算中立即就得到了应用。

清初学者研究中西数学有心得而著书传世的很多，影响较大的有梅文鼎《梅氏丛书辑要》和年希尧《视学》等。

梅文鼎是集中西数学之大成者。他对传统数学中的线性方程组解法、勾股形解法和高次幂求正根方法等方面进行整理和研究，使濒于枯萎的明代数学出现了生机。年希尧的《视学》是我国第一部介绍西方透视学的著作。

清代康熙皇帝十分重视西方科学，他除了亲自学习天文数学外，还培养了一些人才和翻译了一些著作。

1712年，多学科科学家明安图、天文历算家陈厚耀等按照康熙皇帝的旨意编纂天文算法书，完成了《律历渊源》100卷，以康熙"御定"的名义于1723年出版。

其中的《数理精蕴》分上下两编。上编包括《几何原本》、《算法原本》，均译自法国作品著作；下编包括算术、代数、平面几何平面三角、立体几何等初等数学，附有素数表、对数表和三角函数表。

由于《数理精蕴》是一部比较全面的初等数学百科全书，并有康熙"御定"的名义，因此对当时数学研究有一定影响。

综上述可以看到，清代初期数学家对西方数学做了大量的会通工作，并取得许多独创性的成果。

后来，随着《算经十书》与宋元时期数学著作的收集与注释，出现了一个研究传统数学的高潮。其中能突破旧有框框并有发明创造的有焦循、汪莱、李锐、李善兰等。

他们的工作，和宋元时期的代数学比较是青出于蓝而胜于蓝的；和西方代数学比较，在时间上晚了一些，但这些成果是在没有受到西方近代数学的影响下独立得到的。

在传统数学研究出现高潮的同时，阮元与李锐等编写了一部天文数学家传记《畴人传》，收集了从黄帝时期至1799年已故的天文学家和数学家270余人，和明代末期以来介绍西方天文数学的传教士41人。这部著作收集的完全是第一手的原始资料，在学术界颇有影响。

1840年鸦片战争以后，西方近代数学开始传入我国。首先是英人在上海设立墨海书馆，介绍西方数学。

第二次鸦片战争后，清代朝廷开展"洋务运动"，主张介绍

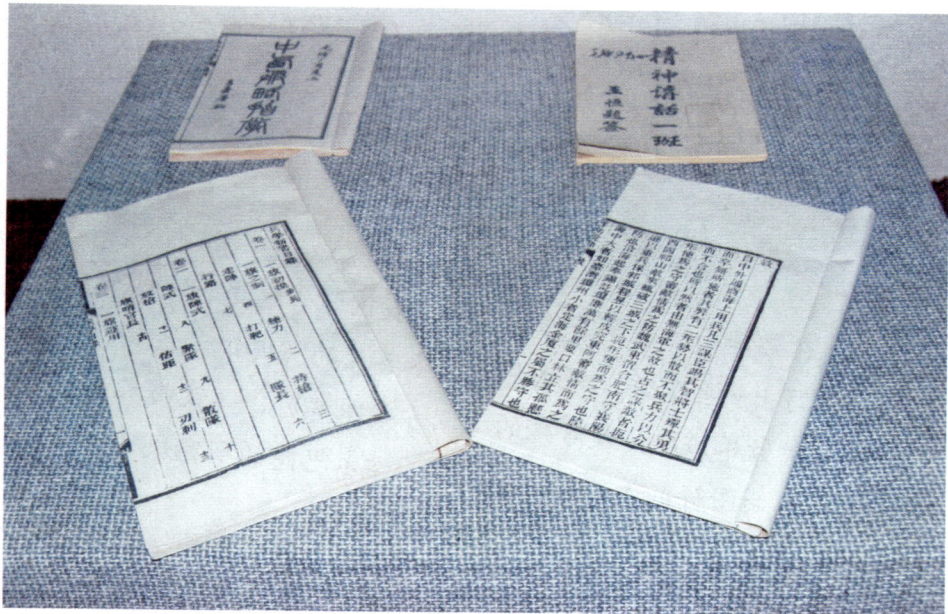

和学习西方数学，组织翻译了一批近代数学著作。

其中较重要的有李善兰与伟烈亚力翻译的《代数学》和《代微积拾级》；华蘅芳与英人傅兰雅合译的《代数术》、《微积溯源》和《决疑数学》；邹立文与狄考文编译的《形学备旨》、《代数备旨》和《笔算数学》；谢洪赉与潘慎文合译的《代形合参》和《八线备旨》等。

在这些译著中，创造了许多数学名词和术语，至今还在应用，但所用数学符号大部分已被淘汰了。"戊戌变法"以后，各地兴办新法学校，上述一些著作便成为主要教科书。

延 伸 阅 读

在翻译西方数学著作的同时，我国学者也进行一些研究，写出一些著作，较重要的有李善兰的《尖锥变法解》和《考数根法》；夏弯翔的《洞方术图解》、《致曲术》和《致曲图解》等，都是会通中西学术思想的研究成果。

# 发现并证明勾股定理

　　勾股定理是一个基本几何定理，是人类早期发现并证明的重要数学定理之一，用代数思想解决几何问题的最重要的工具之一，也是数形结合的纽带之一。勾股定理是余弦定理的一个特例。

　　世界上几个文明古国如古巴比伦、古埃及都先后研究过这条定理。我国也是最早了解勾股定理的国家之一，被称为"商高定理"。

　　成书于公元前1世纪的我国最古老的天文学著作《周髀算经》中，记载了周武王的大臣周公问于皇家数学家商高的话，其中就有勾股定理的内容。

　　这段话的主要意思是，周公问："我听说你对数学非常精通，我想请教一下，天没有梯子可以上去，地也没法用尺子去一段一段丈量，那么关于天的高度和地面的一些测量的数据是怎么样得到的呢？"

　　商高说："数的产生来源于对圆和方这些图形的认识。其中有一条原理：当直角三角形'矩'得到的一条直角边'勾'等于3，另一条直角边'股'等于4的时候，那么，它的斜边'弦'就必定是5。"

这段对话，是我国古籍中"勾三、股四、弦五"的最早记载。用现在的数学语言来表述就是：在任何一个不等腰的直角三角形中，两条直角边的长度的平方和等于斜边长度的平方。也可以理解成两个长边的平方相减与最短边的平方相等。基于上述渊源，我国学者一般把此定理叫做"勾股定理"或"商高定理"。

商高没有解答勾股定理的具体内容，不过周公的后人陈子曾经运用他所理解的太阳和大地知识，运用勾股定理测日影，以确定太阳的高度。这是我国古代人民利用勾股定理在科学上进行的实践。

周公的后人陈子也成了一个数学家，他详细地讲述了测量太阳高度的全套方案。这位陈子是当时的数学权威，《周髀算经》这本书，除了最前面一节提到商高以外，剩下的部分说的都是陈子的事。

据《周髀算经》说，陈子等人的确以勾股定理为工具，求得了太阳与镐京之间的距离。为了达到这个目的，他还用了其他一系列的测量方法。

陈子用一只长8尺，直径0.1尺的空心竹筒来观察太阳，让太阳恰好装满竹筒的圆孔，这时候太阳的直径与它到观察者之间距离的比例正好是竹筒直径和长度的比例，即1：80。

经过诸如此类的测量和计算，陈子和他的科研小组测得日下60千里，日高80千里，根据勾股定理，求得斜至日整10万里。

这个答案现在看来当然是错的。但在当时，陈子对他的方案有充分信心。他进一步阐述了这个方案。

在夏至或者冬至这一天的正午，立一根8尺高的竿来测量日影，根据实测，正南1千里的地方，日影1.5尺，正北1千里的地方，日影1.7尺。这是实测，下面就是推理了。

越往北去，日影会越来越长，总有一个地方，日影的长会正好是6尺，这样，测竿高8尺，日影长6尺，日影的端点到测竿的端点，正好是10尺，是一个完美的"勾三股四弦五"的直角三角形。

这时候的太阳和地面，正好是这个直角三角形放大若干倍的相似形，而根据刚才实测数据来说，南北移动1千里，日影的长短变化是0.1尺，那由此往南60千里，测得的日影就该是零。

　　也就是说从这个测点到"日下"，太阳的正下方，正好是60千里，于是推得日高80千里，斜至日整10万里。

　　接下来，陈子又讲天有多高地有多大，太阳一天行几度，在他那儿都有答案。

　　陈子根本没有想到这一切都是错的。他要是知道他脚下大的没边的大地，只不过是一个小小的寰球，体积是太阳的1／130万，就像漂在空中的一粒尘土，真不知道他会是什么表情。

　　书的最后部分，陈子指出，一年有365天4分日之一，有12月19分月之7，一月有29天940分日之499。这个认识，有零有整，而且基本上是对的。

　　现在大家都知道一年有365天，好像不算是什么学问，但在那个时代，陈子的学问不是那么简单的，虽然他不是全对。

　　勾股定理的应用，在我国战国时期另一部古籍《路史后记十二注》中也有记载：大禹为了治理洪水，阻止决流江河，根据地势高低，决定根据水流走向，因势利导，使洪水注入海中，不再有大水漫溺的灾害，是应用勾股定理的结果。

勾股定理在几何学中的实际应用非常广泛，较早的应用案例有《九章算术》中的一题：有一个正方形的池塘，池塘的边长为一丈，有一棵芦苇生长在池塘的正中央，并且芦苇高出水面部分有一尺，如果把芦苇拉向岸边则恰好碰到岸沿，问水深和芦苇的高度各多少？

这是一道很古老的问题，《九章算术》给出的答案是"12尺"，这是用勾股定理算出的结果。

汉代的数学家赵君卿，在注《周髀算经》时，附了一个图来证明"商高定理"。这个证明是400多种"商高定理"的证明中最简单和最巧妙的。

外国人用同样的方法来证明的，最早是印度数学家巴斯卡拉·阿查雅，那是1150年的时候，可是比赵君卿还晚了1000年。

东汉初年，根据西

汉和西汉时期以前数学知识积累而编纂的一部数学著作《九章算术》里面，有一章就是讲"商高定理"在生产事业上的应用。可惜后来对这个定理很少作进一步的研究，直至清代才有华蘅芳、李锐、项名达、梅文鼎等创立了这个定理的几种巧妙的证明。

勾股定理是人们认识宇宙中形的规律的自然起点，在东西方文明起源过程中，有着很多动人的故事。

我国古代数学著作《九章算术》的第九章即为勾股术，并且整体上呈现出明确的算法和应用性特点，表明已懂得利用一些特殊的直角三角形来切割方形的石块，从事建筑庙宇、城墙等。

这与欧几里得《几何原本》第一章的毕达哥拉斯定理及其显现出来的推理和纯理性特点恰好形成熠熠生辉的对比，令人感慨。

延 伸 阅 读

"商高定理"在外国称为"毕达哥拉斯定理"。毕达哥拉斯是古希腊数学家，他是公元前5世纪的人，比商高晚出生500多年。希腊另一位数学家欧几里得在编著《几何原本》时，认为这个定理是毕达哥达斯最早发现的，所以他就把这个定理称为"毕达哥拉斯定理"。

# 发明使用0和负数

　　我国是世界上公认的"0"的故乡。在数学史上，"0"的发明和使用是费了一番周折的。我国发明和使用"0"，对世界科学作出了巨大的贡献。

　　在商业活动和实际的生活当中，由于"0"不能正确表示出商人付出的钱数和盈利得来的钱数，因而又出现了负数。从古至今，负数在日常生活中有非常重要的作用。

　　在我国的数字文化中，某一数字的涵义或隐意，往往与它的谐音字有关。在长期使用"0"的过程中，人们同样赋予"0"许多文化内涵。

　　"0"的象形为封闭的圆圈，在我国古代哲学中，它象征着周而复始的循环或空白、起始

点、空无。

在自然序列数字中，"0"表示现在，负数表示过去，正数表示将来。在一个正整数的后面加一个"0"，便增加10倍，用"0"乘任何一个数其结果都为"0"，用"0"去除任何一个数其结果就变得不可思议。

零的发音含有萧杀之意。传说时代的舜帝便死于零陵；古代家人散失，要写寻人帖并悬于竿上，随风摇曳，故名"零丁"；秋风肃杀，草坠曰零，叶坠为落，合称为"零落"，又指人事之衰谢、亲友之逝去。

零的发音也与灵相同，选择"0"来表示零，可能含有神灵的神秘意义。零星又称作"灵星"，即"天田星"，或龙星座的"左角之小星"，主管谷物之丰欠，是后稷在天上的代表。我国汉代时曾设有灵星祠。

我国是世界上最早发明和使用"0"的国家。从"0"开始，深入到数字王国，其中充满着古人的智慧，值得一说的事情无穷无尽。其实，"0"的产生经历了一个漫长的过程。远古时候，人们靠打猎为生，由于当时计数很困难，打回来的猎物没有一个明确的数表示，常常引出许多的麻烦。

在这种情况下，人们迫切需要"0"这个数字的问世。但是，当时却没有发现能代表"什么也没有"的空位符号。

到了我国最早的诗歌总集《诗经》成书时，其中就有"0"的记载。《诗经》大约成书于西周时期，在当时的语义里，"0"原本指"暴风雨末了的小雨滴"，它被借用为整数的余数，即常说的零头，有整有零、零星、零碎的意思。

据考证，"0"这个符号表示"没有"和应用到社会中，是从我国古书中缺字用"口"符号代替演变而来。至今，人们在整理

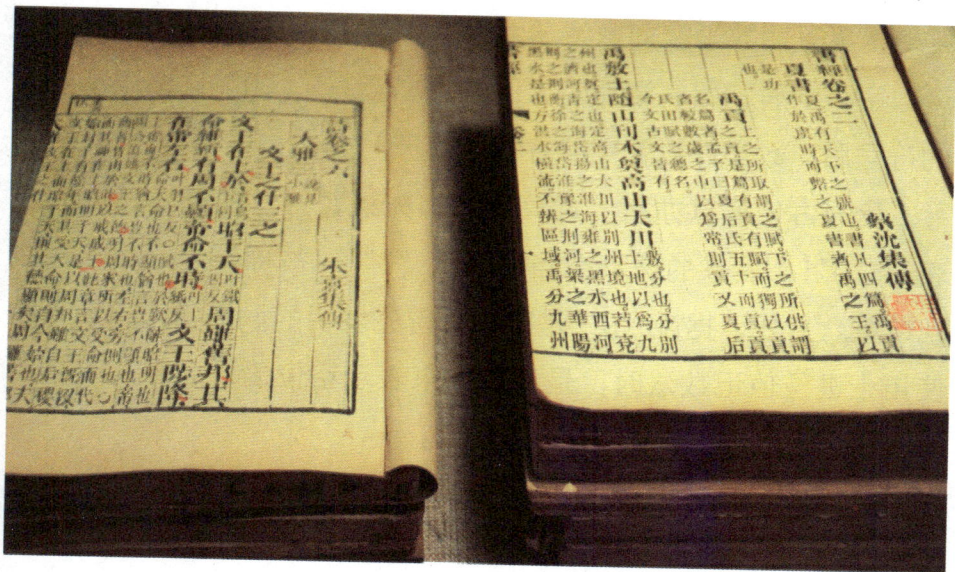

出版一些文献资料档案中遇到缺字时，仍用"□"这个符号代替，表示空缺的意思。我国古代的历书中，用"起初"和"开端"来表示"加"。古书里缺字用"□"来表示，数学上记录"0"时也用"□"来表示。

这种记录方式，一方面为了把两者区别开来，更重要的是，由于我国古代用毛笔书写。用毛笔写"0"比写"□"要方便得多，所以0逐渐变成按逆时针方向画的圆圈"0"，"0"也就这样诞生了。

魏晋时期数学家刘徽注《九章算术》中，已经把"0"作为一个数字，含有初始、端点、本源的意思。有了"0"这个表示空位的符号后，数学计数就变得方便、简捷。

我国古代筹算亦有"凡算之法，先识其位"的说法，以空位表示"0"；后来的珠算空档也表示"0"，被称为金元数字，以视珍重。另外，据说"0"是印度人首先发明的。最初，印度人在使用十进位值记数法时，是用空格来表示空位的，后来又以小点来表示，最后才用扁圆"0"来表示。

事实上，直至16世纪时，欧洲才逐渐采用按逆时针方向画"0"。因此，国际友人称誉我国是"0"的故乡。

阿拉伯数字从西方传入我国的时候，大约是在宋元时期，我国的"0"已经使用两千年了。可见我国是世界上最早发明和使用"0"的国家。

我国发明和使用"0"，对世界科学作出了巨大的贡献。"0"自从一出现就具有非常旺盛的生命力，现在，它广泛应用于社会的各个领域。

我国古代劳动人民早在公元前2世纪就认识到了负数的存在。人们在筹算板上进行算术运算的时候，一般用黑筹表示负数，红筹表示正数，或者是以斜列来表示负数，正列表示正数。

此外，还有一种表示正负数的方法是用平面的三角形表示正数，矩形表示负数。

据考古学家考证，在《九章算术》的《方程》篇中，就提出了负数的概念，并写出了负数加减法的运算法则。此外，我国古代的许多数学著作甚至历法都提到了负数和负数的运算法则。

南宋时期的秦九韶在《数术九章算术》一书中记载有关于作为高次方程常数项的结果"时常为负"。杨辉在《详解九章算术算法》一书中，把"益"、"从"、"除"和"消"分别改为了"加"与"减"，这更加明确了正负与加减的关系。

元代数学家朱世杰在《算学启蒙》一书中，第一次将"正负术"列入了全书的《总括》之中，这说明，那时的人们已经把正负数作为一个专门的数学研究科目。

在这本书中，朱世杰还写出了正负数的乘法法则，这是人们对正负数研究迈出的新的一步。

我国人对正负数的认识不但比欧洲人早，而且也比古印度人早。印度开始运用负数的年代比我国晚700多年。直至630年，印度古代著名的大数学家婆罗摩笈多才开始使用负数，他用小点或圆圈来表示负号，而在欧洲，人们认识负数的年代大约比我国晚了1000多年。

延 伸 阅 读

阿拉伯数字传入我国，大约在宋元时期。当时蒙古帝国的势力远及欧洲，元统一全国后，和欧洲交往频繁，阿拉伯数字便通过西域通道传入我国。但直至20世纪初清代朝廷推行新政，国人才开始使用阿拉伯数字。

# 内容丰富的图形知识

我国农业和手工业发展得相当早而且成熟。先进的农业和手工业带来了先进的技术，其中不少包含着图形知识。包括测绘工具的制造和使用，图形概念的表现形式，地等平面面积和粮仓等立体体积的计算等。

我国古代数学中的几何知识具有一种内在逻辑，这是以实用材料组织知识体系和以图形的计算作为知识的中心内容。

大禹在治水时，陆行乘车，水行乘舟，泥行乘橇，山行穿着钉子鞋，经风沐雨，非常辛苦。他左手捏着准绳，右手拿着规矩，黄河、长江到处跑，四处调研。

大禹为了治水，走在树梢下，帽子被树枝刮去了，他也不回头顾，鞋子跑丢了，也不回去捡。

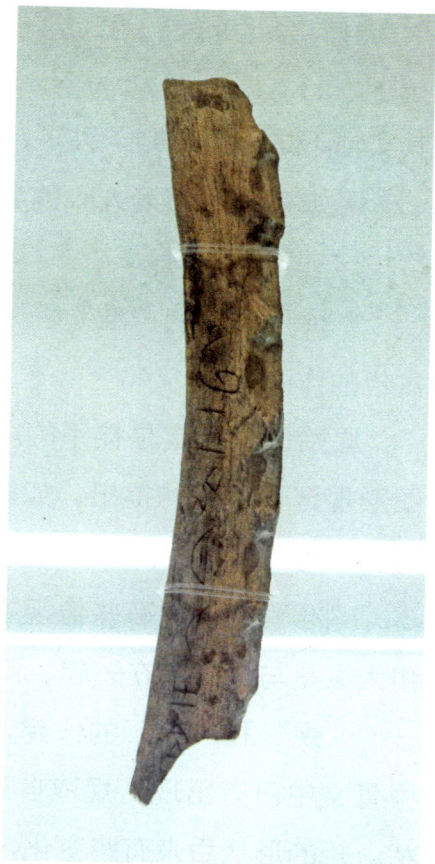

其实他不是不知道鞋子丢了，他是不肯花时间去捡。

正如有一句鞭策人心的名言：大禹不喜欢一尺长的玉璧，却珍惜一寸长的光阴。

大禹手里拿的"准"、"绳"、"规"、"矩"，就是我国古代的作图工具。

原始作图肯定是徒手的。随着对图形要求的提高，特别是对图形规范化要求的提出，如线要直、弧要圆等，作图工具的创制也就成为必然的了。

"准"的样式有些像现在的丁字尺，从字义上分析，它的作用大概是与绳结合在一起，用于确定大范围内的线的平直。

"规"和"矩"的作用，分别是画图和定直角。这两个字在甲骨文中已有出现，规取自用手执规的样子，矩取自它的实际形状。矩的形状后来有些变化，由含两个直角变成只含一个直角。

　　规、矩、准、绳的发明，有一个在实践中逐步形成和完善的过程。这些作图工具的产生，有力地推动了与此相关的生产的发展，也极大地充实和发展了人们的图形观念和几何知识。

　　战国时期已经出现了很好的技术平面图。在一些漆器上所画的船只、兵器、建筑等图形，其画法符合正投影原理。在河北省出土的战国时中山国墓中的一块铜片上有一幅建筑平面图，表现出很高的制图技巧和几何水平。

　　规、矩等早期的测量工具的发明，对推动我国测量技术的发展有直接的影响。

　　秦汉时期，测量工具逐趋专门和精细。为量长度，发明了丈杆和测绳，前者用于测量短距离，后者则用于测量长距离。还有用竹篾制成的软尺，全长和卷尺相仿。矩也从无刻度发展成有刻度的直角尺。

　　另外，还发明了水准仪、水准尺以及定方向的罗盘。测量的方法自然也更趋高明，不仅能测量可以到达的目标，还可以测量

不可到达的目标。

秦汉以后测量方法的高明带来了测量后计算的高超，从而丰富了我国数学的内容。

据成书于公元前1世纪的《周髀算经》记载，西周开国时期周公与商高讨论用矩测量的方法，其中商高所说的用矩之道，包括了丰富的数学内容。

商高说："平矩以正绳，偃矩以望高，复矩以测深，卧矩以知远……" 商高说的大意是将曲尺置于不同的位置可以测目标物的高度、深度与广度。

商高所说用矩之道，实际就是现在所谓的勾股测量。勾股测量涉及到勾股定理，因此，《周髀算经》中特别举出了勾三、股四、弦五的例子。

秦汉时期以后，有人专门著书立说，详细讨论利用直角三角形的相似原理进行测量的方法。这些著作较著名的有《周髀算经》、《九章算术》、《海岛算经》、《数术记遗》、《数书九章算术》、《四元玉鉴》等，它们组成了我国古代数学

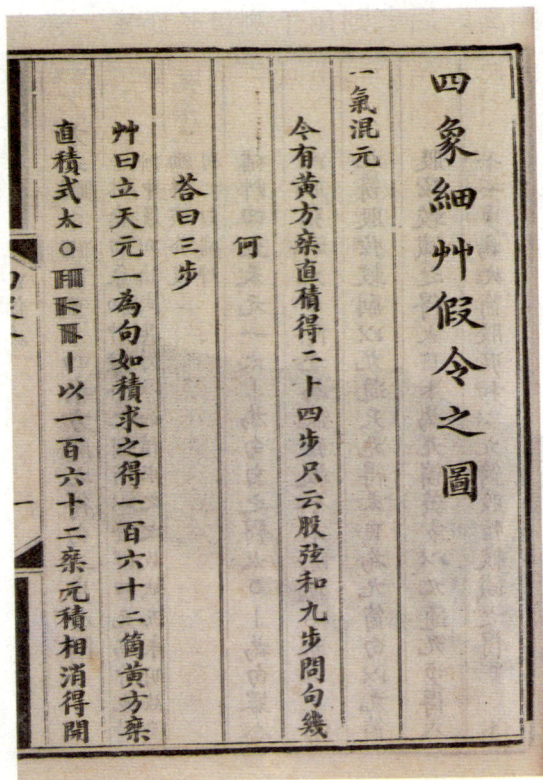

四象细艸假令之图

一氣混元

今有黄方亲直积得二十四步只云股弦和九步问句幾

荅曰三步

何

艸日立天元一为句如积求之得一百六十二筒黄方亲

直积式太○开□臣□以一百六十二亲元积相消得開

独特的测量理论。

图形的观念是在人们接触自然和改造自然的实践中形成的。人类早期是通过直接观察自然，效仿自然来获得图形知识的。

这里所谓的自然，不是作一般解释的自然，而是按照对人类最迫切需要，以食物为主而言的自然。人们从这方面获得有关动物习性和植物性质的知识，并由祈求转而形成崇拜。

几乎所有的崇拜方式都表现了原始艺术的特征，如兽舞戏和壁画。可以相信，我们确实依靠原始生活中的生物学方面，才产生了用图达意的一些技术。这不但是视觉艺术的源泉，也是图形符号、数学和书契的源泉。

随着生活和生产实践的不断深入，图形的观念由于两个主要的原因得到加强和发展。

一是出现了利用图形来表达人们思想感情的专职人员。从旧石器时代末期的葬礼和壁画的证据来看，好像那时已经很讲究幻术，并把图形作为表现幻术内容的一部分。

幻术需要有专职人员施行，他们不仅主持重大的典礼，而且充当画师，这样，通过画师的工作，图形的样式逐渐地由原来直接写真转变为简化了的偶像和符号，有了抽象的意义。

二是生产实践所起的决定性影响。图形几何化的实践基础之一是编织。据考证，编篮的方法在旧石器时代确已被掌握，对它的套用还出现了粗织法。

编织既是技术又是艺术，因此除了一般的技术性规律需要掌握外，还有艺术上的美感需要探索，而这两者都必须先经实践，然后经思考才能实现。这就替几何学和算术奠定了基础。

因为织出的花样的种种形式和所含的经纬线数目，本质上，

都属于数学性质，因而引起了对于形和数之间一些关系的更深的认识。

当然，图形几何化的原因不仅在于编织，轮子的使用、砖房的建造、土地的丈量，都直接加深和扩大了人们对几何图形的认识，成为激起古人建立几何的基本课题。

如果说，上述这些生产实践活动使人们产生并深化了图形观念，那么，陶器花纹的绘制则是人们表现这种观念的场合。在各种花纹，特别是几何花纹的绘制中，人们再次发展了空间关系，这就是图形间相互位置关系和大小关系。

考古工作者的考古发现证实，早在新石器时期，我国人已经有了明显的几何图形的观念。在西安半坡遗址构形及出土的陶器上，已出现了斜线、圆、方、三角形、等分正方形等几何图形。

在所画的三角形中，又有直角的、等腰的和等边的不同形状。稍晚期的陶器，更表现出一种发展了的图形观念，如江苏省邳县出土的陶壶上已出现了各种对称图形；磁县下潘汪遗址出土的陶盆的沿口花纹上，表现了等分圆周的花牙。

自然界几乎没有正规的几何形状，然而人们通过编织、制陶等实践活动，造出了或多或少形状正规的物体。这些不断出现且世代相传的制品提供了把它们互相比较的机会，让人们最终找出其中的共同之处，形成抽象意义下的几何图形。

今天我们所具有的各种几何图形的概念，也首先决定于我们看到了人们做出来的具有这些形状的物体，并且我们自己知道怎样来做出它们。其实这也是实践出真知的例证。

我国古代也对角有了一定的认识并能加以应用。据战国时成

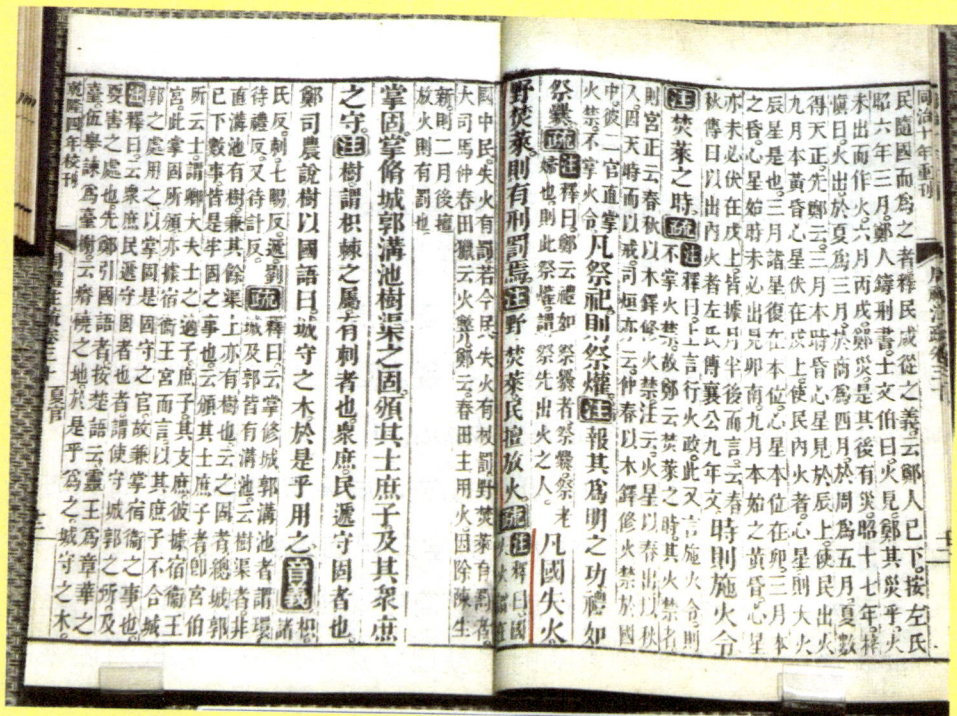

书的《考工记》记载，那时人们在制造农具、车辆、兵器、乐器等工作中，已经对角的概念有了认识并能加以应用。

《周礼·考工记》中说，当时的工匠制造农具、车辆等，都会遵循"半矩谓之宣，一宣有半谓之欘，一欘有半谓之柯，一柯有半谓之磬折。"的标准，其中，"矩"指直角，即90度。由此推算，"一宣"是45度，一欘是67.5度，一"柯"是101度15分，而一"磬折"该是151度52.5分。

不过这不是十分确切的。因为就在同一本书中，"磬折"的大小也有被说成是"一矩有半"，这样它就该是135度了。

各种角的专用名称的出现，既表现了在手工业技术中对角的认识和应用，也反映了我国古代对角的数学意义的重视。它使我国古代数学以另一种方式来解决实践中所出现的问题。

至于面积和体积计算知识的获得，与古代税收制度的建立和度量衡制度的完善直接有关。

先秦重要典籍《春秋》记载鲁宣公时实行"初税亩"，开始按亩收税，"产十抽一"。《管子》也记载齐桓公时"案田而税"。这些税收制度的实施，首先要弄清楚土地面积，把土地丈量清楚，然后按照亩数的比例来征税。这说明春秋战国时期我国就已经有丈量土地和计算面积与体积的方法了。

先秦时期面积和体积的计算方法，后来集中出现在西汉时期的《九章算术》一书中，成为了数学知识的重要内容之一。

另外，从考古工作者在居延汉简中，也可以得到证明。这些成就在数学知识早期积累的时候就已经逐步形成，并成为后来的面积和体积理论的基础。

## 延 伸 阅 读

据说大禹身高一丈，脚长一尺，这两个度量单位方便了他的治水工作，可以测量土地山川，这也是"丈夫"一词的来历。

由于忙于丈量山川，用腿太多，大禹的膝盖严重风湿变形，走路一颠一颠。后代的道士常常模仿这种步伐进行祷神仪礼。

# 独创十进位值制记数法

我国古代数学以计算为主，取得了十分辉煌的成就。其中十进位值制记数法在数学发展中所起的作用和显示出来的优越性，在世界数学史上也是值得称道的。

十进位值制记数法是我国古代劳动人民一项非常出色的创造。十进位值制记数法曾经被马克思称为"最妙的发明之一"。

从前，华夏族的人们对天上会长云彩、下雨下雪、打雷打闪，地上会刮大风、起大雾，不知道是怎么回事。部落首领伏羲总想把这些事弄清楚。

有一天，伏羲在蔡河捕鱼，逮住一只白龟。他想：世上白龟少见，当年天塌地陷，白龟老祖救了俺兄妹，后来就再也见不到了。莫非这只白龟是白龟老祖的子孙？嗯，我得把它养起来。

他挖个坑，灌进水，把白龟放在里边，抓些小鱼虾放在坑里，给白龟吃。说来也怪，白龟养在那儿，坑里的水格外清。伏羲每次去喂它，它都凫到伏羲跟前，趴在坑边不动弹。

伏羲没事儿就坐在坑沿儿，看着白龟，思考世上的难题。看着看着，他见白龟盖上有花纹，就折一根草秆儿，在地上比着白龟盖上的花纹画。

画着想着，想着画着，画了九九八十一天，画出了名堂。他把自己的所感所悟用两个符号"——"和"— —"描述了下来，前者代表阳，后者代表阴。阴阳来回搭配，一阳二阴，一阴二阳，三阳三阴，画来画去，画成了八卦图。

伏羲八卦中的二进制思想，被后来的德国数学家莱布尼茨所利用，于1694年设计出了机械计算机。现在，二进制已成为电子计算机的基础。

不仅伏羲八卦中蕴含了二进制的思想，而且我国也是世界上第一个既采用十进制又使用位值制的国家。

二进制与十进制的区别在于数码的个数和进位规律。二进制的计数规律为逢二进一，是以2为基数的计数体制。在十进制中我们通常所说的10，在二进制中就是等价于2的数值。

十进，就是以10为基数，逢十进一位。位值这个数学概念的要点，在于使同一数字符号因其位置不同而具有不同的数值。

我国自有文字记载开始，记数法就遵循十进制了。商代的甲骨文和西周的钟鼎文，都是用一、二、三、四、五、六、七、八、九、十、百、千、万等字的合文来记10万以内的自然数。这种记数法，已经含有明显的位值制意义。

甲骨卜辞中还有奇数、偶数和倍数的概念。

考古学家考证，在公元前3世纪的春秋战国时期，我国人就已经会熟练地使用十进位制的算筹记数法，这个计数法与现在世界上通用的十进制笔算记数法基本相同。

史实说明：我国是世界上最早发明并使用十进制的国家。我国运用十进制的历史，比世界上第二个发明十进制的国家古代印度，起码早约1000年。

十进位值制记数法包括十进位和位值制两条原则，"十进"即满十进一；"位值"则是同一个数位在不同的位置上所表示的数值也就不同。所有的数字都用10个基本的符号表示，满十进一。同时，同一个符号在不同位置上所表示的数值不同，符号的位置非常重要。

如三位数"111"，右边的"1"在个位上表示1个1，中间

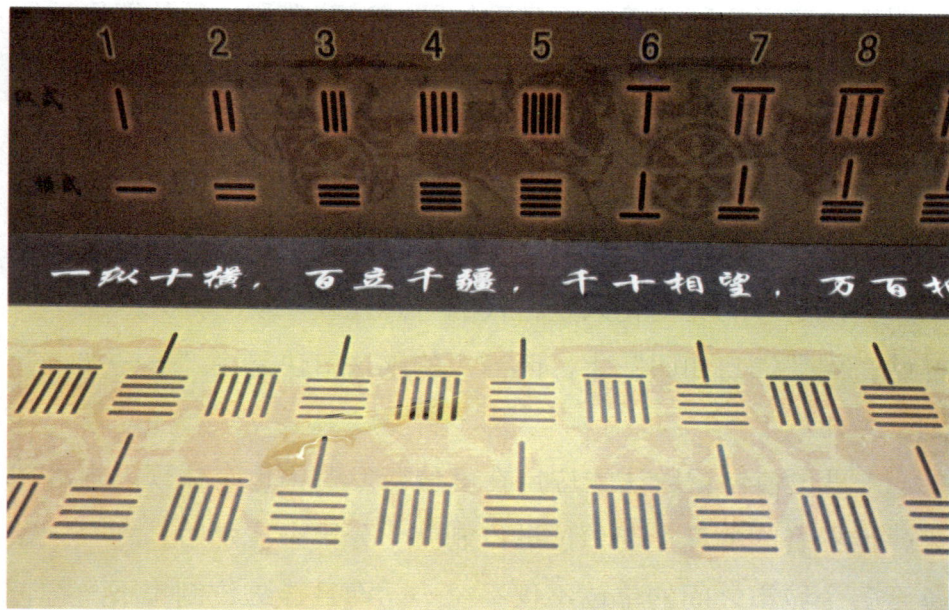

的"1"在十位上就表示1个10，左边的"1"在百位上则表示1个100。这样，就使极为困难的整数表示和演算变得如此简便易行。

十进位值制记数法具有广泛的用处。在计算数学方面，商周时期已经有了四则运算，至春秋战国时期整数和分数的四则运算已相当完备。其中，出现于春秋时期的正整数乘法歌诀"九九歌"，堪称是先进的十进位记数法与简明的我国语言文字相结合之结晶，这是任何其他记数法和语言文字所无法产生的。

从此，"九九歌"成为数学普及和发展最基本的基础之一，一直延续至今。其变化只是古代的"九九歌"从"九九八十一"开始，到"二二如四"止，而当今的乘法口诀是由"一一如一"到"九九八十一"。

十进位值制记数法的应用在度量衡发明中也有体现。自古以来，世界各国的度量衡单位进位制就十分繁杂。那时，各个国家甚至各个城市之间的单位不仅不统一，而且连进位制也不一样，制度非常混乱，很少有国家使用十进制，大都为十二进制和十六进制。

其实，我国在秦统一全国以前，度量衡制度也很不统一，当时的各诸侯国就有四、六、八、十等进位制。

秦始皇统一我国后，发布了关于统一度量衡制度的法令。到西汉末年，朝廷又制订了全国通用的新标准，除"衡"的单位以外，全国已经基本上开始使用十进位制。

唐代，衡的单位根据称量金银的需要，增加了"钱"这个单位。当时的一"钱"，为现在的1/10"两"，并用"分"、"厘"、"毫"、"丝"、"忽"，作为"钱"以下的十进制单位。

后来，唐朝廷又废除当时使用的在"斤"以上的"均"、

"石"两个单位，增加了"担"这个单位，作为"100斤"的简称。但"斤"和"两"这两个单位在当时却不是十进位制，而是十六进位制，并延续用了比较长的时间。

十进位值制记数法给计算带来了很大的便利，对我国古代计算技术的高度发展产生了重大影响。它比世界上其他一些文明发生较早的地区，如古巴比伦、古埃及和古希腊所用的计算方法要优越得多。

十进位值制记数法的产生缘于人们对自然数认识的扩大和实际需要，体现了数学发展与人类思维发展、人类生活需要之间的因果关系，揭示了数学作为一门思维科学的本质特征。

马克思称颂十进位值制记数法是"人类最美妙的发明之一"，正是对这一数学方法内在的特点及在数学王国中地位的精当概括。而我国先民正是这一"最美妙发明"的最早发明人。

**延 伸 阅 读**

1694年，德国数学家莱布尼茨想改进机械计算机。一天，欧洲的传教士把我国的八卦介绍给他，他如获至宝般地研究起来。八卦中只有阴和阳两种符号，却能组成8种不同的卦象，进一步又能演变成64卦。这使他灵机一动在八卦的基础上发明了二进制，最终设计出计算机。

# 发明使用筹算和珠算

　　远古时期，随着生产的迅速发展和科学技术的进步，人们在生产和生活中遇到了大量比较复杂的数字计算问题。为了适应这种需要，劳动人民创造了一种重要的计算方法筹算。

　　珠算是由筹算演变而来的，这是十分清楚的。为了方便起见，劳动人民便创造出更加先进的计算工具珠算盘。

　　据传说，算盘和算数是黄帝手下一名叫隶首的人发明创造

的。黄帝统一部落后，先民们整天打鱼狩猎，制衣冠，造舟车，生产蒸蒸日上。

由于物质越来越多，算账、管账成为人们经常碰到的事。开始，只好用结绳记事、刻木为号的办法，处理日常算账问题。但由于出出进进的实物数目巨大，虚报冒领的事也经常发生。

有一天，黄帝宫里的隶首上山采食野果，发现山桃核的颜色非常好看。他心想，用这10个颜色的桃核比作10张虎皮，用另外10个颜色的比作10张山羊皮。

今后，谁交回多少猎物，谁领走多少猎物，就给谁记几个山桃核。这样谁也别想赖账。

隶首回到黄帝宫里，把他的想法告诉给黄帝。黄帝觉得很有道理，就命隶首管理宫里的一切财物账目。

隶首担任了黄帝宫里的"会计"后，命人采集了各种野果，

分开类别。比如，山楂果代表山羊；栗子果代表野猪；山桃果代表飞禽等。不论哪个狩猎队捕回什么猎物，隶首都按不同野果记下账。

但好景不长，各种野果存放时间一长，全都变色腐烂了，一时分不清各种野果颜色。隶首便到河滩拣回很多不同颜色的石头片，分别放进陶瓷盘子里。

这下记账再也不怕变色腐烂了。

后来，隶首又给每块不同颜色石片都打上眼，用细绳逐个穿起来。每穿够10个数或100个数，中间穿一个不同颜色的石片。这样清算起来就省事多了。从此，宫里宫外，上上下下，再没有发生虚报冒领的事了。

随着生产不断向前发展，获得的各种猎物、皮张数字越来越大，品种越来越多，不能老用穿石片来记账目。隶首苦苦思考着更好的办法。

有一次，隶首遇到黄帝手下的老臣风后，就把算账的想法告诉了他。

风后听了隶首的想法，很感兴趣，就让隶首摘来野果，又折回10根细竹棒，每根棒上穿上10枚野果，一连穿了10串，并排插在地上。

风后建议说："猎队今天交回5只鹿就从竹棒上往上推5枚红欧粟子。明天再交回6只鹿，你就再往上推6枚。"接着，风后又向隶首提出了如何进位计算的建议。

在风后的启发下，隶首明白了进位计算的道理，立即做了一个大泥盘子，把人们从龟肚子挖出来白色珍珠拣回来，给每颗上边打成眼。每10颗一穿，穿成100个数的"算盘"。然后在上边写清位数，如十位、百位、千位、万位。

从此，记数、算账再也用不着那么多的石片了。算盘就这样诞生了。

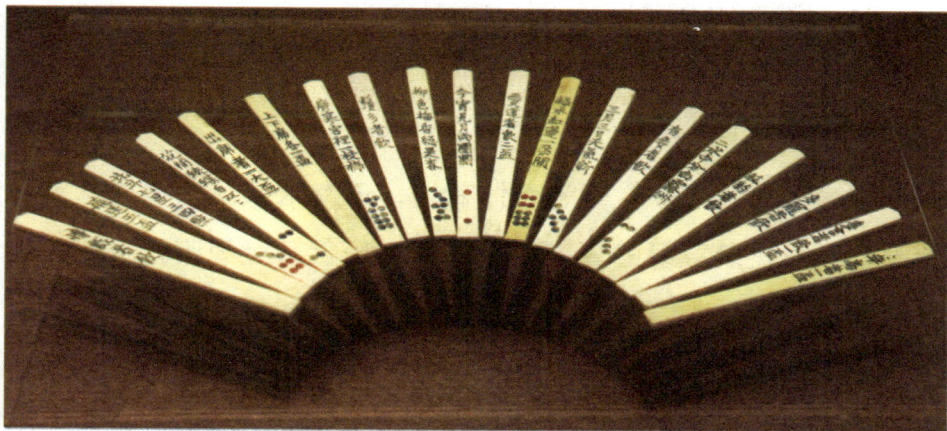

其实，传说总归是传说，从历史上看，算盘是在算筹的基础上发明的，而筹算完成于春秋战国时期。从一定意义上说，我国古代数学史就是一部筹算史。

古时候，人们用小木棍进行计算，这些小木棍叫"算筹"，用算筹作为工具进行的计算叫"筹算"。

春秋战国时期，农业、商业和天文历法方面有了飞跃的发展，在这些领域中，出现了大量比以前复杂得多的计算问题。为了解决这些复杂的计算问题，才创造出计算工具算筹和计算方法筹算。

此外，现有的文献和文物也证明筹算出现在春秋战国时期。例如："算"和"筹"两字，最早出现在春秋战国时期的著作如《仪礼》、《孙子》、《老子》、《法经》、《管子》、《荀子》等中；甲骨文和钟鼎文中到现在仍没有见到这两个字；1、2、3以外的筹算数字最早出现在战国时期的货币上。

当然，所谓筹算完成于春秋战国时期，并不否认在此之前就有简单的算筹记数和简单的四则运算。

关于算筹形状和大小，最早见于《汉书·律历志》。根据记载，算筹是圆形竹棍，以271根为一"握"。算筹直径一分，合现在的0.12厘米，长6寸，合现在的13.86厘米。

根据文献的记载，算筹除竹筹外，还有木筹、铁筹、玉筹和牙筹，还有盛装算筹的算袋和算子筒。唐代曾经规定，文武官员必须携带算袋。

考古工作者曾经在陕西省宝鸡市的千阳县发现了西汉宣帝时期的骨制算筹30多根，大小长短和《汉书·律历志》的记载基本相同。其他考古发现也与相关史籍的记载基本吻合。

这些算筹的出土，是我国古代数学史就是筹算史的实物证明。

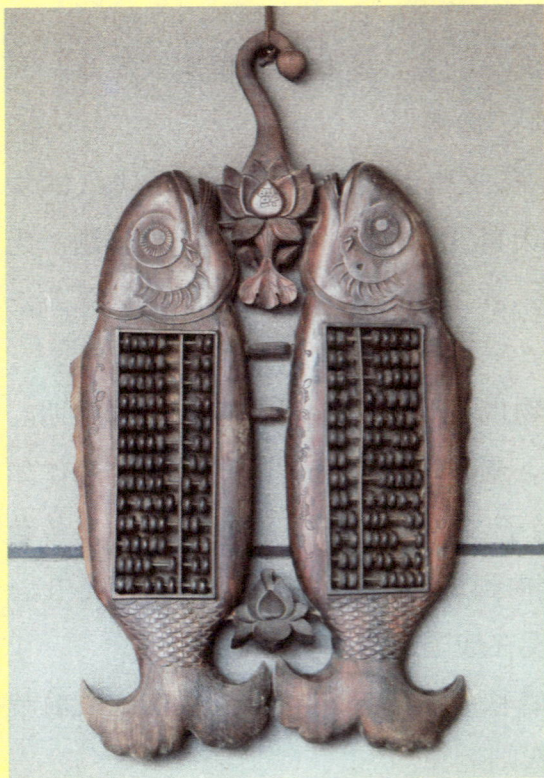

筹算是以算筹做工具进行的计算，它严格遵循十进位值制记数法。9以上的数就进一位，同一个数字放在百位就是几百，放在万位就是几万。

这种记数法，除所用的数字和现今通用的阿拉伯数字形式不同外，和现在的记数法实质是一样的。它是把算筹一面摆成数字，一面进行计算，这个运算程序和现今珠算的运算程序基本相似。

记述筹算记数法和运算法则的著作有《孙子算经》、《夏侯阳算经》和《数术记遗》等。

负数出现后，算筹分成红黑两种，红筹表示正数，黑筹表示负数。算筹还可以表示各种代数式，进行各种代数运算，方法和现今的分离系数法相似。

我国古代在数字计算和代数学方面取得的辉煌成就，和筹算有密切的关系。例如，祖冲之的圆周率精确到小数点后第七位，需要计算正12288边形的边长，把一个9位数进行22次开平方，而且加、减、乘、除步骤除外，如果没有十进位值制的计算方法，那就会困难得多了。

筹算在我国古代用了大约2000年，在生产和科学技术以至人民生活中，发挥了重大的作用。随着社会的发展，计算技术要求越来越高，筹算需要改革，这是势在必行的。

筹算改革从中唐以后的商业实用算术开始，经宋元时期出现大量的计算歌诀，至元末明初珠算的普遍应用，大概历时700多年。

《新唐书》和《宋史·艺文志》记载了这个时期出现的大量著作。从遗留下来的著作中可以看出，筹算的改革是从筹算的简化开始而不是从工具改革开始的，这个改革最后导致珠算的出现。

最早提到珠算盘的是明初的《对相四言》。明代中期《鲁班木经》中有制造珠算盘的规格。

算盘是长方形的，四周是木框，里面固定着一根根小木棍，小木棍上穿着木珠，中间一根横梁把算盘分成两部分，每根木棍的上半部有一个珠子，这个珠子当5，下半部有4个珠子，每个珠子代表1。

在现存文献中，比较详细地说明珠算用法的著作，有明代数学家徐心鲁的《盘珠算法》，明代律学家、历学家、数学家和艺术家朱载堉的《算学新说》，明代"珠算之父"程大位的《直指算法统宗》等。以程大位的著作流传最广。

值得指出的是，在元代中叶和元代末期的文学、戏剧作品中，有提到珠算的。事实上，珠算出现在元代中期，至元末明初已经普遍应用了。随着时代不断前进，算盘不断得到改进，成为今天的"珠算"。它是中华民族当代"计算机"的前身。

我国的珠算还传到朝鲜、日本等国，对这些国家计算技术的发展曾经起过一定的作用。

**延 伸 阅 读**

自古以来，算盘都是用来算账的，也正因为此，算盘被当做象征富贵的吉祥物，为人们推崇。在民间，常会听到"金算盘"、"铁算盘"之类的比喻，形容的也多是"算进不算出"的精明。算盘还作为陪嫁出现在嫁妆"六证"中，以祝福新人婚姻生活富足安宁，赢得广茂财源，同时警醒新娘学会"精打细算"。

# 著名的"割圆术"

我国在先秦产生了无穷小分割的若干命题。随着人们认识水平的逐步提高，至南北朝时期，无穷小分割思想已经基本成熟，并被数学家刘徽运用到数学证明中。

我国古代的无穷小分割思想不仅是我国古典数学成就之一，而且包含着深刻的哲学道理，在人们发现、分析和解决实际问题的过程中，发挥了积极作用。

相传很久以前，黄河里有一位河神，人们叫他河伯。河伯站在黄河岸上，望着滚滚的浪涛由西而来，又奔腾跳跃向东流去，兴奋地说："黄河真大呀，世上没有哪条河能

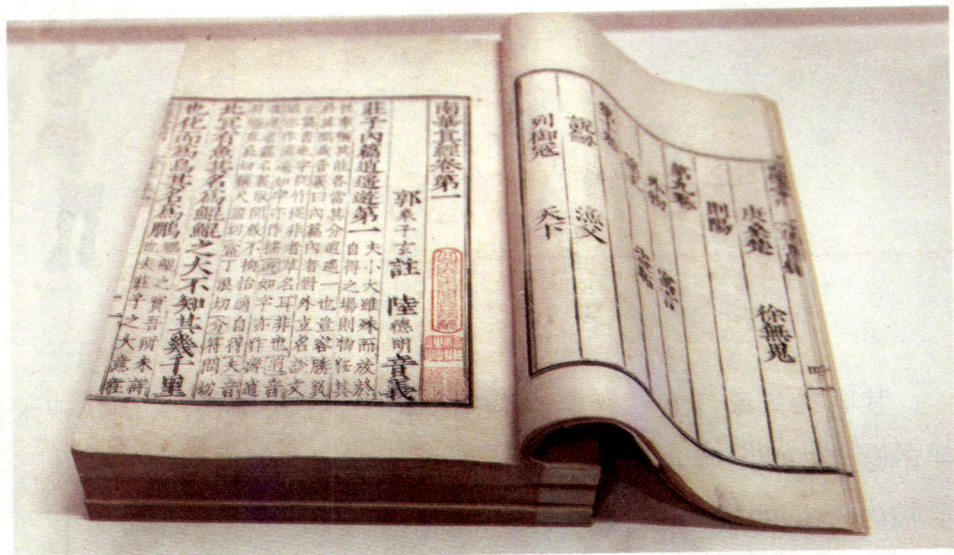

和它相比，我就是最大的水神啊！"

有人告诉他："你的话不对，在黄河的东面有个地方叫渤海，那才真叫大呢！"

河伯说："我不信，渤海再大，能大得过黄河吗？"

那人说："别说一条黄河，就是几条黄河的水流进渤海，也装不满它。"

河伯固执地说："我没见过渤海，我不信。"

那人无可奈何地告诉他："有机会你去看看渤海，就明白我的话了。"

秋天到了，连日的暴雨使大大小小的河流都注入了黄河，黄河的河面更加宽阔了，隔河望去，对岸的牛马都分不清。

这一下，河伯更得意了，以为天下最壮观的景色都在自己这里，他在自得之余，想起了有人跟他提起的渤海，于是决定去那里看看。

河伯顺着流水往东走，到了渤海，脸朝东望去，看不到水边。只见大海烟波浩渺，直接天际，不由得内心受到极大震撼。

河伯早已收起了欣喜的脸色，望着海洋，对着渤海叹息道："如今我看见您的广阔无边，我如果不是来到您的家门前，那就危险了，因为我将永远被明白大道理的人所讥笑。"

渤海神闻听河伯这样说，知道他提高了认识，就打算解答他的一些疑问。

其中有一段是这样的。

河伯问："世间议论的人们总是说：'最细小的东西没有形体可寻，最巨大的东西不可限定范围'。这样的话是真实可信的吗？"

渤海神回答："从细小的角度看庞大的东西不可能全面，从巨大的角度看细小的东西不可能真切。精细，是小中之小；庞大，是大中之大。大小虽不同却各有各的合宜之处，这是事物固有的态势。"

"所谓精细与粗大，仅限于有形的东西，至于没有形体的事

物，是不能用计算数量的办法来分的；而不可限定范围的东西，更不是用数量能够精确计算的。"

上述故事选自被称为"天下第一奇书"的《庄子》的《秋水》篇，这篇文章是人们公认的《庄子》书中的一段文字。因为此篇最得庄周汪洋恣肆而行云流水之妙。

其实，这段对话中说的至精无形、无形不能分的思想，可以看做是作者借河神和海神的对话，阐述了当时的无穷小分割思想。

早在我国先秦时期，西周数学家商高也曾与周公讨论过圆与方的关系。在《周髀算经》中，商高回答周公旦的问话中说得一清二楚。

圆既然出于方，为什么圆又归不了方呢？是世人没有弄清"圆出于方"的原理，而错误地定出了圆周率而造成的。

商高"方圆之法"，即求圆于方的方法，渗透着辩证思维。

"万物周事而圆方用焉，"意思是说，要认识世界可用圆方之法；"大匠造制而规矩设焉"，意思是说，生产者要制造物品必然用规矩。

可见"圆方"包容着对现实天地的空间形式和数量关系的认识，而"数之法出于圆方"，就是在说数学研究对象就是"圆方"，即天地，数学方法来之于"圆方"。亦即数学方法源于对自然界的认识。

"毁方而为圆，破圆而为方"，意思是说，圆与方这对矛盾，通过"毁"与"破"是可以互相转化的。认为"方中有圆"或"圆中有方"，就是在说"圆"与"方"是对立的统一体。

这就是商高的"圆方说"。它强调了数学思维要灵活应用，从而揭示出人的智力、人的数学思维在学习数学中的作用。认识了圆，人们也就开始了关于圆的种种计算，特别是计算圆的面积。

战国时期的"百家争鸣"也促进了数学的发展，尤其是对于正名和一些命题的争论直接与数学有关。

名家认为经过抽象以后的名词概念与它们原来的实体不同，他们提出"矩不正，不可为方；规不正，不可为圆"，认为圆可以无限分割。

墨家则认为，名来源于物，名可以从不同方面和不同深度反映物。墨家给出一些数学定义，例如圆、方、平、直、次、端等。

墨家不同意圆可以无限分割的命题，提出一个"非半"的命题来进行反驳：将一线段按一半一半地无限分割下去，就必将出现一个不能再分割的"非半"，这个"非半"就是点。

名家的命题论述了有限长度可分割成一个无穷序列，墨家的命题则指出了这种无限分割的变化和结果。名家和墨家的数学定义和数学命题的讨论，对我国古代数学理论的发展是很有意义的。

汉司马迁《史记·酷吏列传》以"破觚而为圜"比喻汉废除秦的刑

法。破觚为圆含有朴素的无穷小分割思想，大约是司马迁从工匠加工圆形器物化方为圆、化直为曲的实践中总结出来的。

上述这些关于"分割"的命题，对后来数学中的无穷小分割思想有深刻影响。

我国古代数学经典《九章算术》在第一章"方田"章中写到"半周半径相乘得积步"，也就是我们现在所熟悉的这个公式。

为了证明这个公式，魏晋时期数学家刘徽撰写了《九章算术注》，在这一公式后面写了一篇1800余字的注记。这篇注记就是数学史上著名的"割圆术"。

刘徽用"差幂"对割到192边形的数据进行再加工，通过简单的运算，竟可以得到3072多边形的高精度结果，附加的计算量几乎可以忽略不计。这一点是古代无穷小分割思想在数学中最精彩

的体现。

刘徽在人类历史上首次将无穷小分割引入数学证明，成为人类文明史中不朽的篇章。

## 延伸阅读

庄周是战国时期著名的思想家。他的很多思想十分超前，比如他曾提出了"一尺之棰，日取其半，万世不竭"等命题。这句话的意思是说，一根一尺长的木棍，每天砍去它存在的一半，万世也砍不完。这是典型的数学里的极限思想，对古代数学的发展有很大影响。

# 遥遥领先的圆周率

刘徽创造的割圆术计算方法，只用圆内接多边形面积，而无需外切形面积，从而简化了计算程序。同时，为解决圆周率问题，刘徽运用了初步的极限概念和直曲转化思想，这在古代也是非常难能可贵的。

在刘徽之后，南北朝时期杰出数学家祖冲之，把圆周率推算到更加精确的程度，取得了极其光辉的成就。

刘徽是魏晋期间伟大的数学家，我国古典数学理论的奠基者之一。他取得了许多数学方面的成就，其中在圆周率方面的贡献，同样源于他的潜心钻研。有一次，刘徽看到石匠在加工石头，觉得很有趣，就仔细观察了起来。石匠一斧一斧地凿下去，一块方形石料就被加工成了一根光滑的圆柱了。

谁会想到，原本一块方石，经石匠师傅凿去4个角，就变成了八角形的石头。再去8个角，又变成了十六边形。这在一般人看来非常普通的事情，却触发了刘徽智慧的火花。他想："石匠加工石料的方法，可不可以用在圆周率的研究上呢？"

于是，刘徽采用这个方法，把圆逐渐分割下去，一试果然有效。刘徽独具慧眼，终于发明了"割圆术"，在世界上把圆周率

计算精度提高到了一个新的水平。

近代数学研究已经证明，圆周率是一个"超越数"概念，是一个不能用有限次加减乘除和开各次方等代数运算术出来的数据。我国在两汉时期之前，一般采用的圆周率是"周三径一"。很明显，这个数值非常粗糙，用它进行计算会造成很大的误差。

随着生产和科学的发展，"周三径一"的估算越来越不能满足精确计算的要求，人们便开始探索比较精确的圆周率。

虽然后来精确度有所提高，但大多却是经验性的结果，缺乏坚实的理论基础。因此，研究计算圆周率的科学方法仍然是十分重要的工作。魏晋之际的杰出数学家刘徽，在计算圆周率方面，作出了非常突出的贡献。

他在为古代数学名著《九章算术》作注的时候，指出"周三径一"不是圆周率值，而是圆内接正六边形周长和直径的比值。

而用古法计算出的圆面积的结果，不是圆的面积，而是圆内接正十二边形的面积。

经过深入研究，刘徽发现圆内接正多边形边数无限增加的时候，多边形周长无限逼近圆周长，从而创立割圆术，为计算圆周率和圆面积建立起相当严密的理论和完善的算法。

刘徽割圆术的基本思想是："割之弥细，所失弥少，割之又割以至于不可割，则与圆合体而无所失矣。"

就是说分割越细，误差就越小，无限细分就能逐步接近圆周率的实际值。他很清楚圆内接正多边形的边数越多，所求得的圆周率值就越精确这一点。

刘徽用割圆的方法，从圆内接正六边形开始算起，将边数一倍一倍地增加，即12、24、48、96，因而逐个算出六边形、十二边形、二十四边形等的边长，这些数值逐步地逼近圆周率。

他做圆内接九十六边形时，求出的圆周率是3.14，这个结果已经比古率精确多了。他算到了圆内接正三千零七十二边形，得到圆周率的近似值为3.1416。

刘徽利用"幂"和"差幂"来代替对圆的外切近似，巧妙地避开了对外切多边形的计算，在计算圆面积的过

程中收到了事半功倍的效果。

刘徽首创"割圆术"的方法，可以说他是我国古代极限思想的杰出代表，在数学史上占有十分重要的地位。他所得到的结果在当时世界上也是很先进的。

在刘徽之后，祖冲之所取得的圆周率数值可以说是圆周率计算的一个跃进。

据《隋书·律历志》记载，祖冲之确定了圆周率的不足近似值是3.1415926，过剩近似值是3.1415927，真值在这两个近似值之间。成为当时世界上最先进的成就。

**延 伸 阅 读**

圆周率在生产实践中应用非常广泛，在科学不很发达的古代，计算圆周率是一件相当复杂和困难的工作。因此，圆周率的理论和计算在一定程度上反映了一个国家的数学水平。祖冲之算得小数点后7位准确的圆周率，正是标志着我国古代高度发展的数学水平。

# 创建垛积术与招差术

　　垛积术源于北宋时期科学家沈括首创的"隙积术"，用来研究某种物品按一定规律堆积起来求其总数问题，即高阶等差级数的研究。后世数学家又丰富和发展了这一成果。

　　招差术的创立、发展和应用，在世界的数学史和天文学史上都具有的重大的意义和成就。

　　北宋真宗时，有一年皇宫失火，很多建筑被烧毁，修复工作需要大量土方。当时因城外取土太远，遂采用沈括的方案：

　　就近在大街取土，将大街挖成巨堑，然后引汴水入堑成河，使运料的船只可以沿河直抵宫门。竣工后，将瓦砾废料充塞巨堑复为大街。

　　沈括提出的方案，一举解决了取土、运料、废料处理等问题。此外，沈括还有"因粮于敌"、"高超合龙"，"引水补堤"等，也都是使用运筹学思想的例子。

　　沈括是北宋时期的大科学家，博学多识，在天文、方志、律历、音乐、医药、卜算等方面皆有所论著。沈括注意数学的应用，把它应用于天文、历法、工程、军事等领域，得出了许多重要的成果。

沈括的数学成就主要是提出了隙积术、测算、度量、运粮对策等。其中的"隙积术"是高阶等差级数求和的一种方法，为后来南宋杨辉的"垛积术"、元代郭守敬和朱世杰的"招差术"开辟了道路。

垛积，即堆垛求积的意思。由于许多堆垛现象呈高阶等差数列，因此垛积术在我国古代数学中就成了专门研究高阶等差数列求和的方法。

沈括在《梦溪笔谈》中说：算术中求各种几何体积的方法，例如长方棱台、两底面为直角三角形的正柱体、三角锥体、四棱锥等，大致都已具备，唯独没有隙积这种算法。

所谓隙积，就是有空隙的堆垛体，像垒起来的棋子，以及酒店里叠置的酒坛一类的东西。他们的形状虽像覆斗，4个测面也都是斜的，但由于内部有内隙之处，如果用长方棱台方法来计算，得出的结果往往比实际为少。

沈括所言把隙积与体积之间的关系讲得一清二楚。同样是求积，但"隙积"是内部有空隙的，像累棋，层层堆积坛罐一样。

而酒家积坛之类的隙积问题，不能套用长方棱台体积公式。但也不是不可类比，有空隙的堆垛体毕竟很像长方棱台，因此在算法上应该有一些联系。

沈括是用什么方法求得这一正确公式的，《梦溪笔谈》没有详细说明。现有多种猜测，有人认为是对不同长、宽、高的垛积进行多次实验，用归纳方法得出的；还有人认为可能是用"损广补狭"办法，割补几何体得出的。

沈括所创造的将级数与体积比类，从而求和的方法，为后人研究级数求和问题提供了一条思路。首先是南宋末年的数学家杨辉在这条思路中获得了成就。

杨辉在《详解九章算术算法》和《算法通变本末》中，丰富和发展了沈括的"隙积术"成果，提出了一些新的垛积公式。

沈括、杨辉等所讨论的级数与一般等差级数不同，前后两项之差并不相等，但是逐项差数之差或者高次差相等。对这类高阶等差级数的研究，在杨辉之后一般称为"垛积术"。

元代数学家朱世杰在其所著的《四元玉鉴》一书中，把沈括、杨辉在高阶等差级数求和方面的工作向前推进了一步。

朱世杰对于垛积术做了进一步的研究，并得到一系列重要的高阶等差级数求和公式，这是元代数学的又一项突出成就。他还研究了更复杂的垛积公式及其在各种问题中的实际应用。

对于一般等差数列和等比数列，我国古代很早就有了初步的研究

成果。总结和归纳出这些公式并不是一件轻而易举的事情，是有相当难度的。上述沈括、杨辉、朱世杰等人的研究工作，为此作出了突出的贡献。

"招差术"也是我国古代数学领域的一项重要成就，曾被大科学家牛顿加以利用，在世界上产生深远影响。

我国古代天文学中早已应用了一次内插法，隋唐时期又创立了等间距和不等间距二次内插法，用以计算日月五星的视行度数。这项工作首先是由刘焯开始的。

刘焯是隋代经学家、天文学家。他的门生弟子很多，成名的也不少，其中衡水县的孔颖达和盖文达，就是他的得意门生，后来成为唐代初期的经学大师。

隋炀帝即位，刘焯任太学博士。当时，历法多存谬误，他呕心沥血制成《皇极历》，首次考虑到太阳视运动的不均性，创立"等间距二次内插法公式"来计算日、月、五星的运行速度。

《皇极历》在推算日行盈缩，黄道月道损益，日、月食的多少及出现的地点和时间等方面，都比以前诸历精密得多。

由于太阳的视运动对时间来讲并不是一个二次函数，因此即使用不等间距的二次内插公式也不能精确地推算太阳和月球运行的速度。因此，刘焯的内插法有待于进一步研究。

宋元时期，天文学与数学的关系进一步密切了，许多重要的数学方法，如高次方程的数值解法，以及高次等差数列求和方法等，都被天文学所吸收，成为制订新历法的重要工具。元代的《授时历》就是一个典型。

《授时历》是由元代天文学家兼数学家郭守敬为主集体编写的一部先进的历法著作。其先进的成就之一，就是其中应用了招差术。

郭守敬创立了相当于球面三角公式的算法，用于计算天体的黄道坐标和赤道坐标及其相互换算，废除了历代编算历法中的分数计算，采用百位进制，使运算过程大为简化。

与此同时，在推算太阳逐日运行的速度以及它在黄道上的经度时，郭守敬还创造了"招差术"，即三次内差法，使天体位置

推算得更加精确，比牛顿提出的内差法一般公式早了近400年。

招差术在朱世杰的时候得到了更深入的发展。《四元玉鉴》"如象招数"一门共5问，都是和招差有关的问题。

因为朱世杰比较完善地掌握了级数求和方面的知识，特别是掌握了各种三角垛求和方面的知识的缘故，所以，他在我国数学史上第一次完整地列出了高次招差的公式。

在欧洲，招差术由牛顿加以发展，推出著名的牛顿插值公式。朱世杰所发现的公式与牛顿插值公式在形式上和实质上都是完全一致的，而且比后者要早300多年。

延 伸 阅 读

有一天，风景秀丽的扬州瘦西湖畔，来了一位教书先生，在寓所门前挂起一块招牌，上面用大字写着："燕山朱松庭先生，专门教授四元术。"朱世杰号松庭。一时间，求知者便络绎不绝。一天，朱世杰救下一个卖身女。后来在他的精心教导下，苦命的姑娘颇懂些数学知识，后来两人结成夫妻，成为他的得力助手。

# 圆周率推算的祖先祖冲之

    祖冲之是南北朝时期人，杰出的数学家，科学家。其主要贡献在数学、天文历法和机械三方面。此外，他对音乐也有所研究。他是历史上少有的博学多才的人物。

    祖冲之在数学上的杰出成就，是关于圆周率的计算，是圆周率的祖先。他在前人成就的基础上，经过反复演算，求出了圆周率更为精确的数值，被外国数学史家称作"祖率"。

    祖冲之的祖父祖昌，是个很有科学技术知识的人，曾在南朝宋的朝廷里担任过大匠卿，负责主持建筑工程。祖父经常给他讲一些科学家的故事，其中东汉时期大科学家张衡发明地动仪的故事深深打动了祖冲之幼小的心灵。

    祖冲之常随祖父去建筑工地，晚上，就同农村小孩们一起乘凉、玩耍。天上星星闪烁，农村孩子们却能叫出星星的名称，如牛郎、织女以及北斗星等，此时，祖冲之觉得自己实在知道得很少。

    祖冲之不喜欢读古书。5岁时，父亲教他学《论语》，两个月他也只能背诵10多句。比起这些，他喜欢数学和天文。

    一天晚上，他躺在床上想白天更老师说的"圆周是直径的3倍"这话似乎不对。

第二天早，他就拿了一段妈妈做鞋子用的线绳，跑到村头的路旁等待过往的车辆。

一会儿，来了一辆马车，祖冲之叫住马车，对驾车的老人说："让我用绳子量量您的车轮，行吗？"

老人点点头。

祖冲之用绳子把车轮量了一下，又把绳子折成同样大小的3段，再去量车轮的直径。量来量去，他还是觉得"圆周是直径的3倍"这话不对。

祖冲之站在路旁，一连量了好几辆马车车轮的直径和周长，得出的结论是一样的。

这究竟是为什么？这个问题一直在他的脑海里萦绕。他决心要解开这个谜。随着年龄的增长，祖冲之的知识越来越丰富了，他开始研究刘徽的"割圆术"。

祖冲之非常佩服刘徽的科学方法，但刘徽的圆周率只得到九十六边形的结果后就没有再算下去，祖冲之决心按刘徽开创的路子继续走下去，一步一步地计算出一百九十二边形、三百八十四边形等，以求得更精确的结果。

当时，数字运算还没利用纸、笔和数码进行演算，而是通过纵横相间地罗列小竹棍，然后按类似珠算的方法进行计算。

　　祖冲之在房间地板上画了个直径为一丈的大圆，又在里边做了个正六边形，然后摆开他自己做的许多小木棍开始计算起来。

　　此时，祖冲之的儿子祖暅已13岁了，他也帮着父亲一起工作，两人废寝忘食地计算了10多天才算到九十六边形，结果比刘徽的少了0.000002丈。

　　祖暅对父亲说："我们计算得很仔细，一定没错，可能是刘徽错了。"

　　祖冲之却摇摇头说："要推翻他一定要有科学根据。"于是，父子俩又花了十几天的时间重新计算了一遍，证明刘徽是对的。

　　祖冲之为避免再出误差，以后每一步都至少重复计算两遍，直至结果完全相同才罢休。

　　祖冲之从一万二千二百八十八边形算至二万四千五百六十七边形，两者相差仅0.0000001。祖冲之知道从理论上讲，还可以继

续算下去，但实际上无法计算了，只好就此停止，从而得出圆周率必然大于3.1415926而小于3.1415927这一结果。

很多朋友知道了祖冲之计算的成绩，纷纷登门向他求教。

这个成绩，使他成为了当时世界上最早把圆周率数值推算到7位数字以上的科学家。直至1000多年后，德国数学家鄂图才得出相同的结果。

祖冲之能取得这样的成就，和当时的社会背景有关。他生活在南北朝时期的南朝宋。由于南朝时期社会比较安定，农业和手工业都有显著的进步，经济和文化得到了迅速发展，从而也推动了科学的前进。当时南朝出现了一些很有成就的科学家，祖冲之就是其中最杰出的人物之一。

祖冲之在数学方面的主要贡献是推算出更准确的圆周率的数值。圆周率的应用很广泛，尤其是在天文、历法方面，凡牵涉圆的一切问题，都要使用圆周率来推算。因此，如何正确地推求圆周率的数值，是世界数学史上的一个重要课题。

我国古代劳动人民在生产实践中求得的最早的圆周率值是"3"，这当然很不精密，但一直被沿用至西汉时期。后来，随着天文、数学等科学的发展，研究圆周率的人越来越多了。

西汉末年的刘歆首先抛弃"3"这个不精确的圆周率值，他曾经采用过的圆周率是3.1547。东汉时期的张衡也算出圆周率为3.1622。

这些数值比起"3"当然有了很大的进步，但是还远远不够精密。至三国末期，数学家刘徽创造了用割圆术来求圆周率的方法，圆周率的研究才获得了重大的进展。

不过从当时的数学水平来看，除刘徽的割圆术外，还没有更好的方法。祖冲之把圆的内接正多边形的边数增多至二万四千五百七十六边形时，便恰好可以得出刘徽所求得的结果。

祖冲之还确定了圆周率的两个分数形式约率和密率的近似值。约率前人已经用到过，密率是祖冲之发现的。

密率是分子分母都在1000以内的分数形式的圆周率最佳近似值。用这两个近似值计算，可以满足一定精度的要求，并且非常简便。

祖冲之在圆周率方面的研究，有着积极的现实意义，适应了当时生产实践的需要。他亲自研究过度量衡，并用最新的圆周率成果修正古代的量器容积的计算。

古代有一种量器叫做"釜"，一般的是一尺深，外形呈圆柱状，那这种量器的容积有多大呢？要想求出这个数值，就要用到圆周率。

祖冲之利用他的研究，求出了精确的数值。

他还重新计算了汉朝刘歆所造的"律嘉量"。这是另一种量器。由于刘歆所用的计算方法和圆周率数值都不够准确，所以他所得到的容积值与实际数值有出入。

祖冲之找到他的错误所在，利用"祖率"校正了数值。为人们的日常生活提供了方便。以后，人们制造量器时就普遍采用了祖冲之的"祖率"数值。

祖冲之曾写过《缀术》5卷，汇集了祖冲之父子的数学研究成果，是一部内容极为精采的数学书，很受人们重视。

后来唐代的官办学校的算学科中规定：学员要学《缀术》4

年；朝廷举行数学考试时，多从《缀术》中出题。

祖冲之在天文历法方面的成就，大都包含在他所编制的《大明历》中。这个历法代表了当时天文和历算方面的最高成就。

比如：首次把岁差引进历法，这是我国历法史上的重大进步；定一个回归年为365.24281481日；采用391年置144闰的新闰周，比以往历法采用的19年置7闰的闰周更加精密；精确测得交点月日数为27.21223日，使得准确的日、月食预报成为可能等。

在机械制造方面，祖冲之设计制造过水碓磨、铜制机件传动的指南车、千里船、定时器等。他不仅仅让失传已久的指南车原貌再现，也发明了能够日行千里的"千里船"，并制造出类似孔明"木牛流马"的运输工具。

祖冲之生平著作很多，内容也是多方面的。在数学方面著有《缀术》；天文历法方面有《大明历》及为此写的"驳议"；古代典籍的注释方面有《易义》、《老子义》、《庄子义》、《释论语》、《释孝经》等；文学作品方面有《述异记》，在《太平御览》等书中可以看到这部著作的片断。

值得一提的是，祖冲之的儿子祖暅，也是一位杰出的数学家，他继承父亲的研究，创立了球体体积的正确算法。

他们当时采用的一条原理是：位于两平行平面之间的两个立体，被任一平行于这两平面的平面所截，如果两个截面的面积恒相等，则这两个立体的体积相等。

为了纪念祖氏父子发现这一原理的重大贡献，数学上也称这

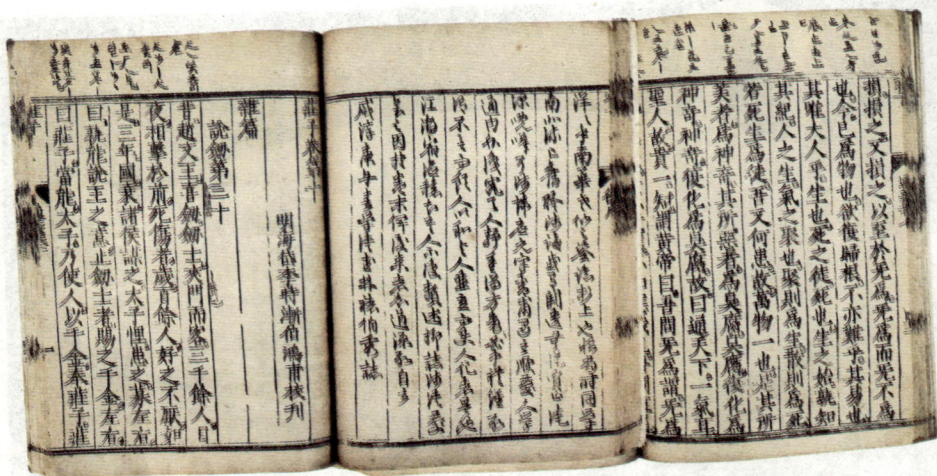

一原理为"祖暅原理"。祖暅原理也就是"等积原理"。

在天文方面，祖暅也继承了父业。他曾著《天文录》30卷，《天文录经要诀》1卷，可惜这些书都失传了。

祖冲之制订的《大明历》，梁武帝天监初年，又重新加以修订，才被正式采用的。他还制造过记时用的漏壶，并且写过一部《漏刻经》。

## 延 伸 阅 读

祖冲之曾经受命齐高帝萧道成仿制指南车。制成后，萧道成就派自己亲信的大臣王僧虔、刘休两人去试验，结果证明，指南车的构造精巧，运转灵活，无论怎样转弯，木人的手都会指向南方。

# 数学思想闪耀光芒的贾宪

贾宪是北宋时期杰出的数学家。曾撰写的《黄帝九章算法细草》和《算法敩古集》均已失传。他的主要贡献是创造了"贾宪三角"和增乘开方法。

贾宪在数学知识的普及和教育过程中，注重数学教育的系统化、纲领化、抽象化及思维的多样化。从这里我们不难发现他的数学教育思想的闪光之处。

现在知道其成就的贾宪是宋元时期第一位著名数学家。据《宋史》记载，贾宪师从北宋前期著名的天文学家和数学家楚衍学习天文、历算。对于《九章算术》、

《缀术》、《海岛算经》诸算经的学习尤得其妙。

根据记载，贾宪著有《黄帝九章算经细草》9卷、《算法斅古集》2卷及《释锁》，可惜均已失传。南宋时期著名数学家杨辉著《详解九章算法》中曾引用贾宪的"开方作法本源"图和"增乘开方法"。

此外，贾宪给出的"立成释锁开方法"，完善的"勾股生变十三图"，以及创立的"增乘方求廉法"，都表明他对算法抽象化、程序化、机械化作出了重要贡献。

虽然有关贾宪的资料保存下来的并不完整，但从杨辉缉录的《黄帝九章算经细草》中，我们仍然可以发现他的一些独到的数学思想和方法，主要有抽象分析法和程序化方法。

贾宪在研究《九章算术》过程中，使用了抽象分析法，尤其在解决勾股问题时更为突出。他首先提出了"勾股生变十三图"，具备了勾股弦及其和差的所有关系，并对勾股问题进行了抽象分析。

正是由于贾宪掌握了这一方法，才使他能够使用纯数学的方法改写《九章算术》术文，给后人留下公式化的解题范例。在方程术等其他章节的细草中，他也广泛运用了这种方法。

程序化方法主要是指探究问题的思维程序、过程和步骤。适用于同一理论体系下，同一类问题的解决。贾宪的"增乘开方法"和"增乘方求廉法"尤其集中地体现了这一方法。

贾宪在开立方过程中，已经形成了固定的程序。他的工作则使得开方程序系统化、规范化。贾宪的数学方法论，对宋元数学家产生了深远影响，纵观创造宋元数学主要成就的"宋元数学四大家"，莫不从中吸取精髓。

贾宪的"增乘开方法"开创了开高次方的研究课题，后经秦九韶"正负开方术"加以完善，使高次方程求正根的问题得以解决。

加之从李冶的天元术至朱世杰的四元术的建立，终于在14世纪初建立起一套完整的方程学理论，使之成为宋元数学界最有成就的课题。

贾宪三角在西方文献中称"帕斯卡三角"，1654年为法国数学家B·帕斯卡重新发现。

贾宪三角的给出，开创了高阶等差级数求和问题的研究方向。朱世杰从"三角"的每条斜线上发现了"三角垛"、"撒星形垛"等高阶等差级数求和公式。

"增乘开方法"事实上简化了筹算程序，并使程序化更加合理，这对后世筹算乃至于算具的改进是有启迪意义的。

《黄帝九章算经细草》开创的数学研究方法，被后世数学家广为借鉴。清代学术流派"乾嘉学派"在保存和整理数学著作时，就曾对《黄帝九章算经细草》等一批算书或注释或图说。

古代学者著书立说目的之一就是教育世人。在数学知识的普及和教育过程中，贾宪重视对一般性解法的抽象，注重对知识纲要的概括，注重系统化，注重发散性思维的锻炼。从这里我们不难发现他的数学教育思想的闪光之处。

贾宪重视对一般性解法的抽象。他之所以这样做，应该是深受我国古代早已有之的"授人以鱼不如授人以渔"的教育思想影响。

据现在所知，《黄帝九章算经细草》约成书于1050年前后，此书出版后，在社会上流传较广，在一定程度上逐渐代替了《九章算术》。这也是当时社会对其数学教育思想的认可。

贾宪注重对知识纲要的概括。他在给出"立成释锁开方法"之后，又提出"增乘方求廉法"并给出六阶贾宪三角，解释开各次方之间的联系。讨论勾股问题则先论"勾股生变十三图"，而后谈论问题的解法，给人以清晰的体系感。

　　他的这些尝试，都体现了对知识纲要的重视。在数学教育上，注重对知识纲要的概括，也不失为一种良好的教学方法。

　　现存资料显示，贾宪未涉足刘徽的分数和极限理论领域。再加上他在《黄帝九章算经细草》中所讨论的开方问题未涉及开不尽情况，他甚至把《九章算术》中有分数解的问题改题设以得整数解。这些迹象表明他的工作是建立在整数集之上的。

　　在此基础上，贾宪提纲挈领地概括了勾股和开方问题，给出了诸多其他问题的一般性解法，从中我们隐约可以看到系统化方法的痕迹。

　　事实上，以贾宪的数学知识水平，他不可能不熟知分数，也不会不了解刘徽的求微数思想，只是他对开方开不尽的问题没有研究透彻。因此在他的著述中才回避了分数，目的是把自己掌握的数学知识系统地传于世人。

这在古代数学教育史上是难能可贵的。

贾宪注重发散性思维的锻炼。他讨论《九章算术》中诸类问题时，不是固守前人的思路和算法，而是发现了很多新的计算方法。如"课分法"、"减分法"、"今有术"、"合率术"、"分率术"、"方程术"、"两不足术"、"勾股旁要法"等。

由此可见，贾宪不仅注重概括理论化的研究方法，同时也身体力行地致力于发散性思维的锻炼，这对于知识的创新是大有裨益的。

《九章算术》是11世纪以前我国最著名的数学著作，在其流传过程中，为其作注的人很多。而在数学理论上有突出贡献的主要是3位数学家，即刘徽理论基础的奠定、贾宪理论水平的提高和杨辉理论的基本完善，贾宪起着承前启后的作用。

另一方面，魏晋南北朝兴起的数学研究热潮自唐而中断，贾

宪的数学方法论又激发了宋元时期的数学研究热潮，他又起到推波助澜的作用。

　　贾宪对于《九章算术》中提出的问题，抽象分析，揭示数学本质；借助程序化，讲解方法的原理；提纲挈领，梳理知识脉络；注重知识系统化，避免产生悖论。这些思想方法对宋元数学家有着很深的影响。

　　比如：杨辉著《详解九章算法》借鉴了贾宪的抽象和探索成

果，对《九章》各题重新纂类；李冶著《测圆海镜》就继承并发扬了这些数学方法，建立了一个逻辑严密的演绎体系。

朱世杰著《四元玉鉴》也用到这些思想方法，成就了我国古代数学史上的巅峰之作；秦九韶著《数术大略》不言具体数字更是师法贾宪，可见其方法论的生命力。

当然，这些数学思想方法也并非贾宪独创，也是历代数学著述、研究、积累的结果，而贾宪又将其提炼和传承。

总之，"贾宪三角"的发现及与之密切相关的"增乘开方法"的创立，对于我国古典数学于宋元时期达到高峰起到了重要的推动作用。

延 伸 阅 读

北宋时期数学家贾宪约在1050年首先使用"贾宪三角"进行高次开方运算。"贾宪三角"在国际上产生广泛影响。后来，国外也逐渐承认这项成果属于中国，所以有些书上称这是"中国三角形"。

# 数学成就突出的秦九韶

秦九韶是南宋时期官员、数学家，与李冶、杨辉、朱世杰并称"宋元数学四大家"。他精研星象、算术、营造之学，完成著作《数书九章》，取得了具有世界意义的重要贡献。

秦九韶最重要的数学成就是"大衍总数术"，即一次同余组解法，还有"正负开方术"，即高次方程数值解法。这些成果在中世纪世界数学史上占有突出的地位。

在楚汉战争中，有一次，刘邦手下大将韩信与楚王项羽手下大将李锋交战。苦战一场，楚军不敌，败退回营，汉军也死伤四五百人，于是韩信整顿兵马也返回大本营。

就在汉军行至一山坡时，忽有后军来报，说有楚军骑兵追来。只见远方

尘土飞扬，杀声震天。汉军本来已十分疲惫，这时队伍大哗。

韩信兵马到坡顶，见来敌不足500骑，便急速点兵迎敌。他命令士兵3人一排，结果多出2名；接着命令士兵5人一排，结果多出3名；他又命令士兵7人一排，结果又多出2名。

韩信马上向将士们宣布：我军有1073名勇士，敌人不足500人，我们居高临下，以众击寡，一定能打败敌人。

汉军本来就信服自己的统帅，这一来更相信韩信是"神仙下凡"、"神机妙算"，于是士气大振。一时间旌旗摇动，鼓声喧天，汉军步步进逼，楚军乱作一团。

交战不久，楚军果然大败，落荒而逃。

在这个故事中，韩信能迅速算出有1073名勇士，其实是运用了一个数学原理。他3次排兵布阵，按照数学语言来说就是：一个数除以3余2，除以5余3，除以7余2，求这个数。

对于这类问题的有解条件和解的方法，是由宋代数学家秦九韶首先提出来的，被后世称为"中国剩余定理"。

秦九韶是一位非常聪明的人，处处留心，好学不倦。通过这一阶段的学习，他成为一位学识渊博、多才多艺的青年学者。时人说他"性极机巧，星象、音律、算术，以至营造等事，无不精究"，"游戏、毬、马、弓、剑，莫不能知。"

秦九韶考中进士后，先后担任县尉、通判、参议官、州守、同农、寺丞等职。他在政务之余，对数学进行虔心钻研，并广泛收集历学、数学、星象、音律、营造等资料，进行分析、研究。

秦九韶在为母亲守孝时，把长期积累的数学知识和研究所得加以编辑，写成了举世闻名的巨著《数书九章》。全书共列算题81问，分为9类，每类9个问题，不但在数量上取胜，重要的是在质量上也是拔尖的。

《数书九章》的内容主要有：大衍类，包括一次同余式组解法；天时类，包括历法计算、降水量；田域类，包括土地面积；测望类，包括勾股、重差；赋役类，包括均输、税收；钱谷类，包括粮谷转运、仓窖容积；营建类，包括建筑、施工；军族类，包括营盘布置、军需供应；市物类，包

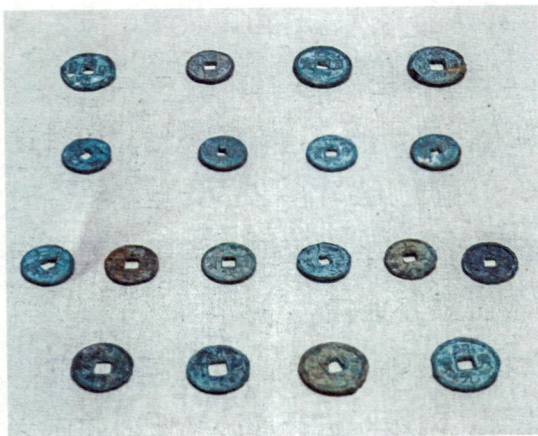

括交易和利息。

《数书九章》系统地总结和发展了高次方程数值解法和一次同余组解法，提出了相当完备的"三斜求积术"和"大衍求一术"等，达到了当时世界数学的最高水平。

秦九韶的正负方术，列算式时，提出"商常为正，实常为负，从常为正，益常为负"的原则，纯用代数加法，给出统一的运算规律，并且扩充到任何高次方程中去。

秦九韶所论的"正负开方术"，被称为"秦九韶程序"。世界各国从小学、中学到大学的数学课程，几乎都接触到他的定理、定律和解题原则。

此项成果是中世纪世界数学的最高成就，比1819年英国人霍纳的同样解法早五六百年。

秦九韶还改进了一次方程组的解法，用互乘对减法消元，与现今的加减消元法完全一致；同时它又给出了筹算的草式，可使它扩充到一般线性方程中的解法。

在欧洲最早是1559年法国布丢给出的，比秦九韶晚了300多年。布丢用很不完整的加减消元法解一次方程组，而且理论上的完整性也逊于秦九韶。

我国古代求解一类大衍问题的方法。秦九韶对此类问题的解法作了系统的论述，并称之为"大衍求一术"，即现代数论中一次同余式组解法。

这一成就是中世纪世界数学的最高成就，比西方1801年著名数学家高斯建立的同余理论早500多年，被西方称为"中国剩余定理"。秦九韶不仅为中国赢得无上荣誉，也为世界数学作出了杰出贡献。

秦九韶还创用了"三斜求积术"等，给出了已知三角形三边求三角形面积公式。还给出一些经验常数，如筑土问题中的"坚三穿四壤五，粟率五十，墙法半之"等，即使对现在仍有现实意义。

秦九韶还在"推计互易"中给出了配分比例和连锁比例的混合命题的巧妙且一般的运算方法，至今仍有意义。

《数书九章》是对我国古典数学奠基之作《九章算术》的继承和发展，概括了宋元时期我国传统数学的主要成就，标志着我

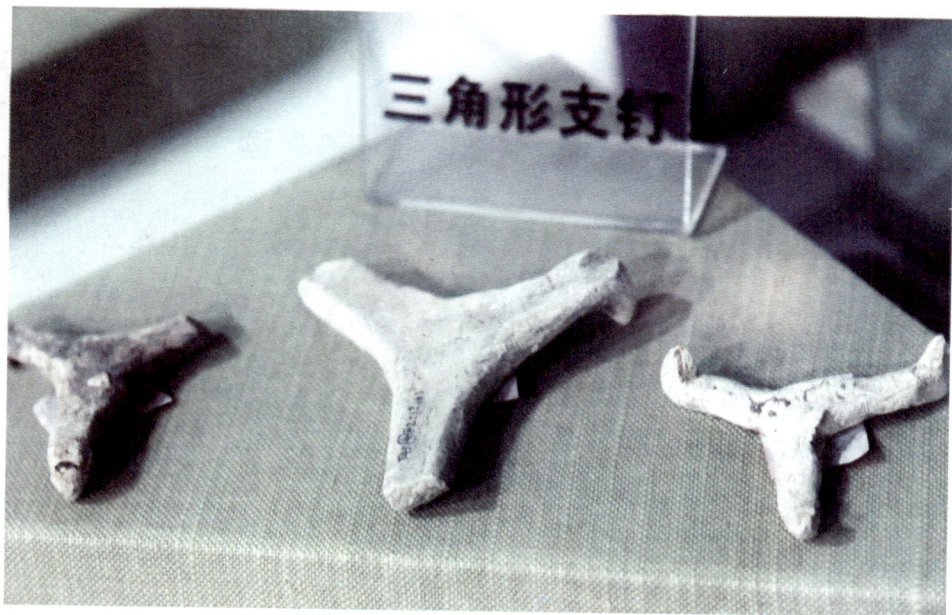

国古代数学的高峰。其中的正负开方术和大衍求一术长期以来影响着我国数学的研究方向。

秦九韶的成就代表了中世纪世界数学发展的主流与最高水平，在世界数学史上占有崇高的地位。

德国著名数学史家、集合论的创始人格奥尔格·康托尔高度评价了大衍求一术，他称赞发现这一算法的中国数学家是"最幸运的天才"。

美国著名科学史家萨顿说道：

秦九韶是他那个民族，他那个时代，并且确实也是所有时代最伟大的数学家之一。

延 伸 阅 读

秦九韶之父是工部郎中和秘书少监，秦九韶生活在京部时，阅读了大量典籍，并拜访天文历法和建筑等方面的专家，请教天文历法和土木工程等问题。他还曾向隐士学习数学，向著名词人学习骈俪诗词，这些知识的积累，为他后来著述《数书九章》起到了极大的作用。

# 用天元术建方程的李冶

　　李冶是金元时期的数学家、文学家、诗人。金亡北渡，常与元好问唱和，世称"元李"。晚年居于封龙山下，隐居讲学。

　　李冶在数学上的主要贡献是天元术，用以研究直角三角形内切圆和旁切圆的性质。与杨辉、秦九韶、朱世杰并称为"宋元数学四大家"。

　　李冶的父亲李遹是位博学多才的学者，曾在大兴府尹胡沙虎手下任推官。李冶出生的时候，蒙古军队加紧向金代朝廷进攻，腐朽的朝廷内已潜伏着亡国的危机。

　　李遹的上司胡沙虎是一个深得金朝宠信的奸臣。李遹见他无恶不作，常常据理力争，置个人生死祸福于度外。李遹为了

防备不测，便把老小送回故乡栾城。

这时李冶正值童年，他没有随家人回乡而独自到栾城的邻县元氏求学去了。由于胡沙虎篡权乱政，李遹被迫辞职，隐居阳翟，从此不再过问政事。

他吟诗作画，在当地颇有名声。

父亲的正直为人及好学精神对李冶深有影响。在李冶看来，学问比财富更可贵。他在青少年时期，对文学、史学、数学、经学都感兴趣，曾与好友元好问外出求学，拜文学家赵秉文、杨云翼为师，不久便名声大振。

1230年，李冶赴洛阳应试，被录取为词赋科进士，时人称赞他"经为通儒，文为名家"。

1232年农历正月，钧州城被蒙古军队攻破。李冶不愿投降，只好换上平民服装，走上了漫长而艰苦的流亡之路。这是他一生的重要转折点，将近50年的学术生涯便由此开始了。

李冶经过一段时间的颠沛流离之后，定居于现在山西省崞山的桐川。由于他不再为官，这在客观上使他的科学研究有了充分的时间。他在桐川的研究工作是多方面的，包括数学、文学、历史、天文、哲学、医学。

李冶在桐川的生活条件是十分艰苦的，不仅居室狭小，而且常常不得温饱，要为衣食而奔波。但他却以著书为乐，从不间断自己的写作。

李冶的数学研究是以天元术为主攻方向的。这时天元术虽已产生，但还不成熟，就像一棵小树一样，需要人精心培植。李冶在前人的基础上，将天元术改进成一种更简便而实用的方法。

特别值得一提的是，他在桐川得到了道教洞渊派的一部算书，内有九容公式，专讲勾股容圆问题的内容。此书对他启发甚大。为了能全面、深入地研究天元术，李冶把勾股容圆问题作为一个系统来研究。

李冶讨论了在各种条件下用天元术求圆径的问题，经过多年的艰苦奋斗，终于在1248年写成《测圆海镜》12卷。这是他一生中的最大的成就，也是我国现存最早的一部系统讲述天元术的著作。

《测圆海镜》不仅保

留了洞渊九容公式，即9种求直角三角形内切圆直径的方法，而且给出一批新的求圆径公式。其主要成就是总结并完善了天元术，使之成为我国独特的半符号代数。这种半符号代数的产生，要比欧洲早三百年左右。卷1的"识别杂记"阐明了圆城图式中各勾股形边长之间的关系以及它们与圆径的关系，共600余条，每条可看做一个定理或公式。这部分内容是对中国古代关于勾股容圆问题的总结。

后面各卷的习题，都可以在"识别杂记"的基础上以天元术为工具推导出来。李冶总结出一套简明实用的天元术程序，并给出化分式方程为整式方程的方法。他发明了负号和一套先进的小数记法，采用了从0至9的完整数码。除0以外的数码古已有之，是筹式的反映。但筹式中遇0空位，没有符号0。从现存古算书来看，李冶的《测圆海镜》和秦九韶《数书九章》是较早使用0的两本书，它们成书的时间相差不过一年。

《测圆海镜》重在列方程，对方程的解法涉及不多。但书中用天元术导出许多高次方程，给出的根全部准确无误，可见李冶是掌握高次方程数值解法的。

《测圆海镜》在体例上也有创新。全书基本上是一个演绎体系，卷一包含了解题所需的定义、定理、公式，后面各卷问题的解法均可在此基础上以天元术为工具推导出来。李冶之前的算书，一般采取问题集的形式，各章、卷内容大体上平列。李冶以演绎法著书，这是我国数学史上的一个进步。

《测圆海镜》的成书标志着天元术成熟，对后世有深远影响。元代王恂、郭守敬在编《授时历》的过程中，曾用天元术求周天弧度。元代大数学家朱世杰说："以天元演之、明源活法，省功数倍。"清代著作家阮元认为："立天元者，自古算家之秘术；而海镜者，中土数学之宝书也。"

《测圆海镜》无疑是当时世界上第一流的数学著作。但由于内容较深，粗知数学的人看不懂，所以天元术的传播速度较慢。

李冶清楚地看到这一点，他坚信天元术是解决数学问题的一个有力工具，同时深刻认识到普及天元术的必要性。于是，他在1259年写成另一部数学著作《益古演段》，这是一本普及天元术的著作。

《益古演段》把天元术用于解决实际问题，研究对象是日常所见的方、圆面积。全书64题，处理的主要是平面图形的面积问题，所求多为圆径、方边、周长之类。除4道题是一次方程外，其他全是二次方程问题，内容安排基本上是从易到难。

此时的李冶对天元术的运用更加熟练，他在《益古演段》中常用人们易懂的几何方法对天元术进行验证，这对于人们接受天元术是有好处的。

在数学理论上，《益古演段》也有创新。该书的问题同《测圆海镜》不同，所求量不是一个而是两个、三个甚至四个。按古代方程理论，应该用方程组来解，所含方程个数与所求量个数一致。但解二次方程组要比解一元方程困难得多。

李冶既已完善了天元术程序，便力图提高它的一般化程度，用以解决各种多元问题。他的主要方法是利用出入相补原理及等量关系来减少未知数，化多元为一元，找到关键的天元一。一旦这个天元一求出来，其他要求的量就可根据与天元一的关系，很

容易求出了。《益古演段》的价值不仅在于普及天元术，理论上也有创新。李冶善于用传统的出入相补原理及各种等量关系来减少题目中的未知数个数，化多元问题为一元问题。同时，李冶在解方程时采用了设辅助未知数的新方法，以简化运算。

《益古演段》图文并茂，深入浅出，不仅利于教学，也便于自学。这些特点，使它成为一本深受人们欢迎的数学教材，对天元术的传播发挥了不小的作用。

延　伸　阅　读

李冶曾与金代遗老窦默等人接受忽必烈召见，向忽必烈提出"辨奸邪、去女谒、屏馋愿、减刑罚、止征伐"5条政治建议。忽必烈聘请李冶担任翰林学士知制诰同修国史，但李冶谢绝了。因为忽必烈没有接受李冶"止征伐"的建议，大举攻宋，从而引起李冶不满。